研究生用书

园艺作物种质资源学

Germplasm Resources of Horticultural Crops

韩振海 主编

中国农业大学出版社
CHINA AGRICULTURAL UNIVERSITY PRESS

编 写 人 员

主　　编　韩振海

副 主 编　牛立新　沈火林　高俊平　梁月荣　王　忆

编写人员　韩振海　牛立新　沈火林　高俊平　梁月荣
　　　　　王　忆　刘孟军　潘东明　姜　全　张开春
　　　　　王　倩　张常青　赵剑波　张晓明　闫国华
　　　　　周　宇

出 版 说 明

我国的研究生教育正处于迅速发展、深化改革时期，研究生教育要在研究生规模和结构协调发展的同时，加快教学改革步伐，以培养高质量的创新人才。为加强和改进研究生培养工作，改革教学内容和教学方法，充实高层次人才培养的基本条件和手段，建设研究生培养质量基准平台，促进研究生教育整体水平的提高，中国农业大学通过一系列的改革、建设工作，形成了一批特色鲜明的研究生教学用书，本书是其中之一。特别值得提出的是本书得到了“北京市教育委员会共建项目”专项资助。

建设一批研究生教学用书，是研究生教育教学改革的一次尝试，这批研究生教学用书，以突出研究生能力培养为出发点，引进和补充了最新的学科前沿进展内容，强化了研究生用书在引导学生扩充知识面、采用研究型学习方式、提高综合素质方面的作用，必将对提高研究生教育教学质量产生积极的促进作用。

中国农业大学研究生院

2008 年 1 月

内 容 简 介

本书对园艺作物种质资源学的内容进行了全面、系统的介绍。为保证全书的系统性、结构的严谨性、内容的针对性，全书分上、下两篇予以叙述。上篇介绍的是园艺作物种质资源学通论，共分 6 章，主要对园艺作物种质资源的基本概念及种质资源的重要性，种质资源学的主要内容、研究方法，园艺作物的起源与分布、演化及传播，园艺作物种质资源的考察、收集和保存，园艺作物种质资源的鉴定、评价、研究和利用，园艺作物种质资源学存在的主要问题，以及园艺作物种质资源学的进展和发展动态进行了简要而系统的论述。下篇则以起源、分类、收集保存、性状研究、主要种质资源及优良品种研发利用为"共性"内容，共分 4 章，有针对性地对果树、蔬菜、观赏植物和茶树进行了分门别类的叙述，其中按植物学、园艺学的方法及常用习惯，又将果树分为仁果类、核果类、浆果类、干果类及常绿果树等 5 大类，将蔬菜分为白菜类、芥菜类、甘蓝类、茄果类、瓜类、豆类、根菜类、葱蒜类及多年生与水生蔬菜等 9 大类，将观赏植物分为花木类、一二年生花卉、宿根类、球根类、兰科花卉、水生花卉及仙人掌类和多浆植物等 7 大类，从而既可对果树、蔬菜、观赏植物和茶树种质资源学有一个概况性的全面了解，又能具体阅知某种或某类园艺植物种质资源学的具体内容。

前　言

保护生物多样性已成全球性的战略。我国作为世界上最大、最重要的植物起源中心之一，无论政府还是科技工作者，已越来越重视种质资源在生态安全、粮食安全、保证可持续发展等方面的重要意义。

丰富的园艺作物种质资源及其对世界园艺事业的贡献，使得我国被尊称为“园林之母”。在政府支持、资助下，我国园艺科技工作者在收集、保存、鉴定、研究及利用园艺作物种质资源等方面，已经做了大量工作，成就斐然，这从园艺产品的日益丰富、不断推陈出新及众多的文献资料和有关书籍等即可表观体现。

但无可置疑，种质资源领域的工作“成就显著，问题仍多”，特别是如何使受教育者及大众更加普遍地重视种质资源更为重要和迫切。目前，各农业高校已陆续在本科生、研究生教育教学中将园艺作物种质资源学作为单独的一门学科课程予以教授。因此，编著出版《园艺作物种质资源学》教材，顺应需求，适逢其时。

从 1995 年起，中国农业大学即开设了“果树种质资源学”课程，并以《落叶果树种质资源学》为参考教材。本教材正是以《落叶果树种质资源学》为基础，汇集整理有关研究成果和资料，结合 15 年来的教学体会，由浙江大学、西北农林科技大学、河北农业大学、福建农林大学、北京市农林科学院林业果树研究所及中国农业大学从事果树、蔬菜、观赏植物、茶树教学和研究的中青年骨干合作编撰而成。本教材系统、科学地阐述了园艺作物种质资源学的概念和基本理论，整理和总结了国内外研究成果及发展趋势，既可作为农业高校“园艺作物种质资源学”课程的教学用书，也是园艺作物种质资源研究工作者、育种工作者、研究生的重要参考书籍。

本教材由韩振海教授主编，并参加了各章节的整理、统稿；浙江大学农业与生物技术学院梁月荣教授，西北农林科技大学园艺学院牛立新教授，河北农业大学园艺学院刘孟军教授，福建农林大学园艺园林学院潘东明教授，北京市农林科学院林业果树研究所姜全研究员、张开春研究员、赵剑波、张晓明、闫国华、周宇博士，中国农业大学高俊平教授、沈火林教授及王忆、张常青、王倩博士等分别参加了有关章节的编写，已在相应章节后予以标注。在该教材耗时 2 年的编写过程中，全体编写人员精诚合作，对此谨致衷心感谢。同时特别感谢中国农业大学研究生院将该教材列入中国农业大学研究生教材建设立项项目，并予以出版资助。

园艺作物种质资源工作成就斐然，有关文献丰富；园艺作物又涵盖果树、蔬菜、观赏植物、茶树等众多植物。由于编者掌握的资料和知识水平有限，教材中错误和不足之处在所难免，敬请有关专家、使用者、参考者指正。

编者

2009 年 8 月

目　录

上篇　园艺作物种质资源学通论

下篇　园艺作物种质资源学各论

上篇

园艺作物种质资源学通论

第一章　园艺作物种质资源学概论

第一节　园艺作物范畴及其种质资源的重要性

一、园艺作物的范畴

园艺作物泛指进行集约栽培、具有较高经济价值的果树、蔬菜、各种观赏植物、茶、香料及药用植物等，在我国目前的生产栽培习惯及学科分类中主要指果树、蔬菜、观赏植物和茶等 4 大类作物。

园艺作物种类丰富，它不仅是果园、菜园、花园、公园、茶园、庭院等场所的物种基础，更是园艺作物生产、新品种选育、园艺产品采后贮运加工和营销，以及功能性食品开发、植物有效成分利用的对象。着眼于园艺产业的可持续发展，就必须重视对种质资源的保护、开发和合理利用。

二、园艺作物种质资源

种质是决定遗传性状、并将丰富的遗传信息从亲代传给子代的遗传物质的总称。植物种质可以是一个群落、一株植株、一个器官（如根、茎、叶、花药、花粉、种子）；微观而言，植物种质包括细胞、染色体及核酸片段。通常携带植物种质的主要材料是种子或各种无性繁殖用的器官，如球根、插条、接穗、茎尖等。

种质资源是指所有用于品种改良或具有某种有遗传价值特性的任何原始材料。植物种质资源学是研究植物分类、起源与演化、资源考察与收集、种质保存、评价与鉴定以及利用的科学。因此，园艺作物种质资源学就是研究园艺作物分类、起源与演化、园艺作物资源考察与收集、保存、评价与鉴定以及利用的科学。

我国是世界栽培植物重要起源地之一，有关植物栽培驯化最早的记载是在殷墟中发掘的甲骨文，距今已有 3 600 多年历史。我国古代文献中还有不少园艺植物专著，如晋代的《竹谱》、唐代的《茶经》、宋代的《荔枝谱》、南宋的《橘颂》、清代的《槜李谱》和《花镜》等。正是因为我国丰富的园艺植物种类和品种，英国的 E. H. Wilson（1902）称“中国是园林之母”。据不完全统计，我国有野生蔬菜 213 科1 822 种；野生果树资源约有 81 科1 282 种；野生花卉和园林植物中，观赏乔木 20 属 350

余种，观赏灌木 60 余属 2 421 种，观赏藤本 20 余属 228 种，草本宿根花卉 30 属 1 991 种，草本球根花卉 7 属 85 种，草本一、二年生花卉 6 属 209 种。

三、园艺作物种质资源的重要性

(一)农艺的主要文明进程与种质资源的关系

早在人类史前，自然界已万物丛生、百花盛开，种类繁多的野生植物资源年复一年地代代相传……。有史以来，人类为生存而无意识或有意识的参与下，对植物的驯化和利用日渐增加，进程越来越快(图 1-1)。

农艺的主要文明进程	果树生产历史的里程碑
农业起始(新石器时代，1 万年前)	
↓	
作物驯化与栽培(古埃及文明，7 000～8 000 年前)	1. 果树品种出现
↓	
灌溉，嫁接，庭园，果树驯化和品种(希腊、罗马、中华文明，2 000～3 000 年前)	2. 嫁接技术
↓	
植物学，引种，显微镜(500～1 000 年前)	
↓	
食品加工，现代耕作，植物病理学，孟德尔遗传定律，农业化学(100～500 年前)	
↓	
植物营养学，Bailey 园艺百科全书，拖拉机，杂交，光系统及呼吸循环，植物病毒学，激素，组织培养，农药，除草剂，辐射，多倍体和突变育种，塑料薄膜，机械采收(20～100 年前)	3. 以矮化密植为中心的果树集约栽培
↓	
染色体分离，基因结构、测序、合成(现代)	

图 1-1 农艺文明进程

因此，农艺的文明进程与种质资源间的关系可以简单归纳为：前者开发和利用了后者，后者服务于前者，但又因前者的疏忽造成了部分种质的流失。

(二)人口增长和资源贫乏与种质资源的关系

图 1-2 直现了公元前 4 000 年至 20 世纪末人口增长的走向，美国人口调查局

对 1950—2000 年全球人口增长及平均寿命的预测(表 1-1)现已成为现实。因此,人口(特别是第三世界国家人口)的超速增长及人均寿命的延长导致人口总数的进一步膨胀,使得人均占有(种质)资源量明显下降;过多人口(尤其是第三世界受教育程度低的人口)的增长,将加速和加重对种质资源的攫取、流失及破坏。

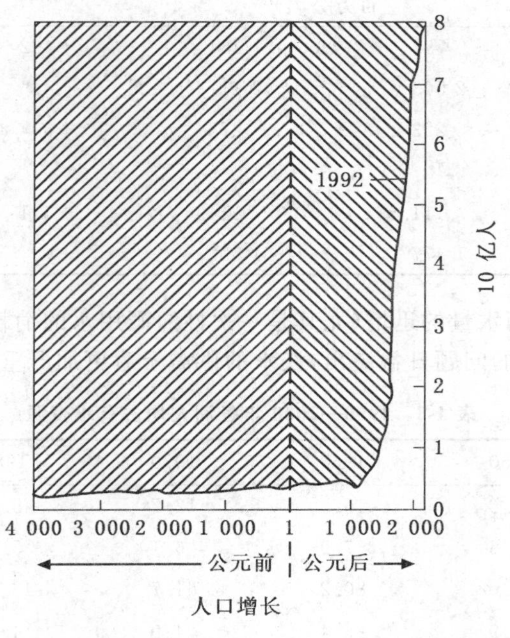

图 1-2 人口增长

表 1-1 1950—2000 年间全球人口平均寿命水平及趋势(平均寿命,岁)

	1950—1955	1955—1960	1960—1965	1965—1970	1975	2000
全球	46.7	49.9	52.2	53.9	58.8	65.5
工业化国家	65.0	68.2	65.9	70.3	71.1	73.3
发展中国家	41.6	45.0	48.0	50.4	54.0	63.5
非洲	31.6	38.6	40.8	43.0	46.2	57.4
拉丁美洲	52.3	55.3	57.7	59.5	63.1	70.3
亚洲	42.5	46.3	49.8	52.5	54.3	63.7

全球土壤条件主要因沙漠化、水渍及盐碱化、砍伐森林的影响、一般侵蚀(如表

土流失）和腐殖质的丧失，城市化及村庄扩张占用的土地等 5 个因素而正加速恶化（表 1-2），使得作物栽植面积减少，植物栖息地渐失。

表 1-2　1975—2000 年间全球植物栽培和土地资源变化估计

	1975 年	2000 年	变化	变化百分率
	（百万公顷）			（%）
沙漠	792	1 284	+492	+62
森林带	2 563	2 117	−446	−17
灌区	223	273	+50	+22
灌区被盐碱破坏的土地	111.5	114.6	+3.1	+3
灌区开垦地	1 477	1 593	+62	+4

人口的膨胀、用水量的迅增（尤其是一次性灌溉用水的消耗量猛增），使得地区性缺水和水质变劣的问题日益突出，淡水的供需矛盾更加严重（表 1-3）。

表 1-3　1950—2000 年各洲人均占有水资源　　km^3

洲	1950	1960	1970	1980	2000
非洲	20.6	16.5	12.7	9.4	5.1
亚洲	9.6	7.9	6.1	5.1	3.3
拉丁美洲	105.0	80.2	61.7	48.8	28.3
欧洲	5.9	5.4	4.9	4.4	4.1
北美洲	37.2	30.2	25.2	21.3	17.5

资料来源：联合国粮农组织，1993。

土地、水等资源的贫乏必然造成植物种质资源总体上的流失和减少：①淡水的减少和水质的污染或变劣，直接威胁着所在区域种质资源的生存。②土地资源的减少及土壤的沙漠化、水渍盐碱化，明显使所在地域的种质资源流失、死亡。③砍伐森林、滥采滥伐使资源减少，甚至使某些种质灭绝。④土地、水等资源的短缺，一方面使人类面临的经济和生存压力加大，加剧了对资源及种质资源的过度消耗；另一方面，因当前资金短缺或人类生存压力而导致对种质资源的收集、保存、研究等保护措施减弱，形成资源越贫乏、种质资源流失越严重的恶性循环。⑤森林资源的减少是种质资源流失和减少最直接的证据，据统计，发达国家在 20 世纪初的森林面积基本上和 1970 年代一样，而发展中国家的森林面积同期相比则大幅度减少；而世界栽培植物的主要起源中心及物种丰富的主要区域大部分位于发展中国家，由此可预测资源越贫乏、种质资源流失现象越严重的程度。

(三)种质资源的流失

随着近现代科技的发展,人类活动参与程度的加深,种质资源流失的频度更为加大,“无法再现的基因、物种和生态系统正以人类历史上前所未有的速度消失”(图 1-3)。

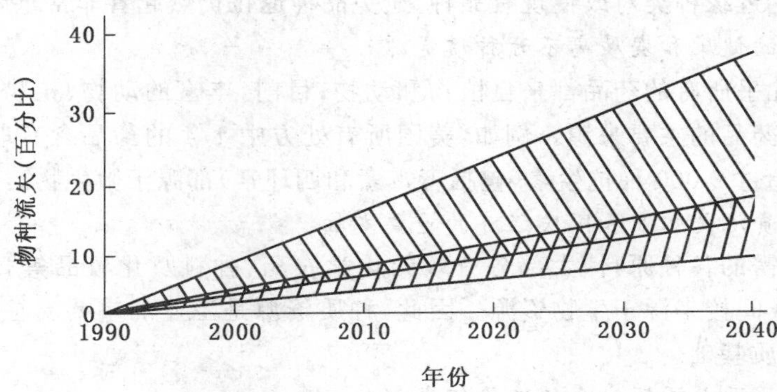

图 1-3　热带森林物种被认定在未来 50 年中绝灭的百分比

(引自 Global Biodiversity Strategy,1992)

种质资源流失的原因可归纳为自然力的影响、生物影响和人类活动的影响 3 个方面。自然力影响方面,因各种生物种都有其生存的适宜生态环境,一旦这些条件改变或极度恶化,如地震、火山爆发、森林大火等,必将引起其生存困难、甚至死亡。英美科学家通过对世界气候变化影响的研究预测,今后 50～80 年,全球气候变暖和降雨量的减少将会导致粮食减产,很多物种和资源消失,其中受害最大的将是发展中国家。生物影响方面,“物竞天择,适者生存”,自然界丰富的动物、植物、微生物物种在呈现千姿百态、欣欣向荣生长的和谐外表下,互相间为了生存或保卫自我,也进行着竞争,有时甚至导致另一物种的死亡或灭绝。从 1904 年美国纽约州发现栗疫病起的 10 年内,该病使全美大陆 80%的栗树死亡,造成毁灭性的灾难。人类活动的影响方面,从玛雅文化崩溃、许多物种和资源消失归因于混战、人口过多和雨林破坏的例子中可以看出,人类因素占了极大的比例。除了人口过快增长、资源日益贫乏造成人均资源及种质资源占有量越来越少外,人类活动造成种质资源流失更严重的原因还有:一方面,人类活动有意或无意导致的种质资源流失,如用火不当、乱砍滥伐、战争等;另一方面,育种工作中人工选择的知识偏差也促进了植物种质资源的减少,因为现代植物育种主要是建立在近亲繁殖和遗传性一致品种的基础上。

(四)种质资源的重要性

1. 人类的生存和生活依赖于种质资源

不言而喻,产生于自然界的人类的生存不能孤立于多种多样的生物环境。供人类利用的所有作物、牲畜、家禽、鱼类等品种都是从自然野生物种中长期驯化来的,自然野生近缘种类对改良现有品种、避免品种退化仍然起着非常重要的作用。

2. 人类的健康和发展离不开种质资源

以前,几乎所有的药品都来自植物和动物;目前,丰富的动物、植物、微生物资源仍然是医药品的主要来源。例如,美国所有处方中 1/4 的药品含有取自植物的有效成分,超过 2 000 种抗生素(包括青霉素和四环素)都源于微生物。

3. 种质资源是工业和国民经济的重要支柱

工业所需的各种原料、大部分有效的化学农药、香料及化妆品等日用化工品等,都直接或间接来源于生物资源。因此,种质资源是工业的重要支柱,是发展国民经济的物质基础。

4. 种质资源是国家安全的重要组成部分

一个安全的国家不仅仅是一个军事和经济强大的国家,还意味着有一个健康和受过良好教育的大众及一个健康、富饶、和谐的环境。1992 年 6 月在巴西里约热内卢签订的《生物多样性公约》明确确定了生物资源的归属、各国利用其生物资源的权利和义务及有关资金机制等,从而为保护全球生物提供了法律保障,也界定了生物资源的国家属性。而该公约的产生过程(1989—1992 年经过 7 次正式谈判和多次法律专家会议),明显反映了种质资源对国家安全的重要性。

5. 种质资源是农业生产和育种工作成败的关键

一个国家或研究单位拥有的种质资源数量、质量以及对其保存、特性研究的深度和广度,是其育种效果的决定因素,也是衡量其育种工作发展水平的重要标志之一。利用种质资源进行育种对农业生产的发展更有重要意义;1930—1980 年,美国近一半的农业收入归功于植物杂交育种,每年仅通过扩大遗传基地就可为美国的农业收入增加约 10 亿美元。

6. 种质资源在娱乐和旅游业中起着重要作用

世界范围内,自然观光性质的旅游业每年创造 120 亿美元的税收。许多国家正在开辟自然风景区以供人们娱乐,并从旅游中创造经济效益。

7. 种质资源是前景广阔的生物工程的物质基础

“巧妇难为无米之炊”。前景广阔的生物工程要造福于人类,就作物获得高产、优质、多抗等性能及低耗、高效、持续的发展而言,皆离不开种质资源。

正是种质资源如此的重要性，国际性组织和主要国家都十分重视对种质资源的收集、保存、研究、利用及管理和交流。1974 年联合国粮农组织(FAO)在罗马总部成立了国际植物遗传资源委员会(IBPGR)，进行国际性组织统筹协调。美国设立了国家植物遗传资源局(NBGRB)，并建立了国家植物种质管理系统；1981 年起，相继在不同地点创建了 8 个国家果树无性系种质库(National Clonal Germplasm Repository)(NCGR)，分别担负着 46 种主要果树的野生资源和品种、类型共达 27 335 份的保存和研究利用任务。日本也建立了 10 个果树种质保存场所，收集保存了 13 种主要果树和其他果树的 6 960 份材料。我国从 1980 年起，也根据果树种类的不同生态分布和各科研单位品种收集的基础及研究条件，建立了 16 个果树种质资源圃，保存了 30 多种主要果树的 10 043 份材料。

第二节　种质资源学基本概念

种质(Germplasm)是指能决定遗传性状、并将遗传信息传给子代的遗传物质。

种质资源(Germplasm resources)即遗传物质的载体，一切具有一定种质并能繁殖的生物体都可以归入种质资源之内。

生物多样性(Biodiversity)是指一个区域内基因、物种和生态系统多样化的总和。生物多样性至少有 3 个方面的含义，即生物学意义上的多样性、生态学意义上的多样性和生物地理学含义的多样性。

植物种质资源学(Science of plant germplasm resources)是研究植物起源、传播和演化及其分布和分类，并对种质资源进行考察、收集、保存、评价、研究和利用的科学。

野生种(Wild species)是指在自然界处于野生状态、未经人类驯化改良的植物种。

近缘野生种(Kindred wild species)是指与栽培植物在起源、进化方面有亲缘关系的野生种。

变种(Variety)是生物分类学上种以下的次级分类单位，指一个种内的植物在不同环境条件影响或人工选择、诱变、杂交下，形态结构或生理特性的某些方面发生变异，形成有别于原种的一个群体。

品系(Strain)是指在育种工作中使用的遗传性状稳定一致且来自于共同祖先的一个群体。遗传稳定性、表型一致性和来源共祖性是品系的特征，育种工作中作为育种材料使用是其必要条件。品系包括自交系、保持系、恢复系、雄性不育系、全同胞家系、半同胞家系、转基因无性系、诱变无性系、芽变无性系、花粉组培无性系、多倍体无性系等。

栽培种(Cultivated species)是指具有经济价值、遗传性状稳定、生产上广泛栽植的作物种类。

品种(Cultivar)是指按人类需要选育出的、具一定经济价值的作物群体。

栽培植物起源(Origin of cultivated plant)是指人类最初驯化植物的时间和地点。

植物演化(Evolution of plant)是指历史上野生种类被驯化并逐渐演变为现在栽培植物的过程,以及栽培植物近缘种类之间的进化关系。

园艺植物分类(Classification of horticulture plant)是指按生长特性、形态特征、抗性、生态适应性、栽培特性、植物来源等对园艺植物进行归类,以弄清园艺植物的种和品种的类别、亲缘演化关系、命名、栽培历史和地理分布的方法。

种质资源调查(Exploration of germplasm resources)是指查清和整理一个国家或一个地区范围内资源的数量、分布、特征和特性的工作。

证明资料(Passport data)是指由资源收集者所作的种质鉴定和记录的资料。

特征记载(Characterization)是指记录那些遗传上稳定、视觉上观察到的、在各种环境下均能表现出来的性状。

种质资源收集(Collection of germplasm resources)是指对种质资源有目的地汇集方式,包括普查、专类收集、国内征集、国际交换等。

园艺植物引种(Introduction of horticulture plant)是指将园艺植物栽培品种从分布地区引入到新的地区栽培或将野生资源从分布地区引到新地区作为育种原始材料。

种质资源保存(Maintenance of germplasm resources)是指为使种质资源不至流失、并能延续下去的人为方式,主要包括植株保存、种子保存、花粉保存、营养体保存、分生组织保存和基因保存等方式。

种质库(Germplasm repository)是指为利用园艺植物种质资源而专门设立的种质保存场所。广义讲,凡是物种集中的场所,或经过收集、引种繁殖作为保存种质的场所都可称为种质库。通常种质库专指为改进品种而设立的种质保存场所。

种质资源数据库(Germplasm resource database)是指种质资源的基本情况及对其观察与鉴定结果的文字和图片资料的记载、保存系统或方式,又称种质资源记载档案(Germplasm resources file),主要包括基础数据、管理数据、鉴定和评价数据和交换数据等类型。

国家植物种质资源圃(National plant germplasm repository)是指国家建立或承认的负责收集、保存植物种质资源的机构。

性状鉴定(Identification of characters)是指对园艺植物种质资源或选育出单系的特性、特征进行观测、测定、描述和评价。

染色体组分析(Genome analysis)是指为研究种质资源系统发育过程中物种间的亲缘关系,对细胞染色体数目、染色体组的组成及其减数分裂时的行为进行的分析。

染色体核型分析(Karyotype analysis)是指为研究种质资源的遗传性,对不同物种的染色体的形态结构进行的分析,主要包括染色体长度、染色体臂比、着丝点位置、次缢痕等。

孢粉学鉴定(Palynology characterization)是指为判别植物种、属间的亲缘关系,采用光学或电子显微镜对花粉进行的观察、摄影和比较归类。

园艺植物品种名录(Horticulture plant cultivar inventory)是指以摘要或列表方式,介绍园艺植物品种特性及用途,供使用者寻检查阅的工具书。

园艺植物图谱(Horticulture plant atlas)是指以图为主体,专门介绍园艺植物品种知识的图书。

园艺植物志(Monograph of horticulture plant)是指以纪事言实的方式,全面系统地描述园艺植物品种特性的著作。

品种区域化(Variety regionalization)是指对优良品种的适宜发展地区的分析规划和界定。

(撰写人　王忆　韩振海)

第二章　园艺作物种质资源学的主要内容和研究方法

第一节　园艺作物种质资源学的内容

从园艺作物种质资源学现有研究对象和水平来看，其内容可以概括为5个方面。

一、起源与分布

即研究现代园艺作物的原生地及其古今分布范围。搞清园艺作物的起源，对于资源的引种及利用有着十分重要的作用。但是，对于许多园艺作物种类的起源地，目前尚不完全清楚，要真正搞清每种园艺作物的具体起源，仍是一个十分艰巨的任务。

弄清园艺作物的分布，有助于我们进行资源的收集、保存及利用。园艺作物资源的分布，至少应涉及某一园艺作物生态的种类构成，以及不同园艺作物种类分布的地理范围和相应的生态条件等。

二、演化与传播

园艺作物资源的演化，包括研究过去野生种类演变为当今栽培类型的过程，以及野生园艺植物种类之间的进化关系等。这不但是资源学研究的一个重要理论问题，而且也直接牵涉到对资源的进一步分类以及对资源利用的潜力评价问题。

园艺作物的传播研究，可以揭示人类利用园艺作物资源的历史过程，从中汲取经验，认识园艺作物的人工演化等。

三、资源的分类

按照某种属性对不同园艺作物资源进行一定的分类处理，是资源进一步研究利用的开始。这方面主要包括传统的植物学分类、品种学分类等。

四、收集与保存

有效地收集与保存已有的园艺作物种质资源，不但可以防止种质流失，而且有利于集中研究和利用。

资源收集研究的主要内容包括资源收集对象的选择和收集时期。选择正确的收集对象包括两方面的含义：一方面是指含有不同遗传信息的资源类型；另一方面是指携带这些遗传信息的载体（如个体、器官、染色体、基因等）。

资源保存研究的内容主要是保存方法的研究，其宗旨是安全可靠、经济方便。目前应用的保存方法有组织培养保存法、低温保存法、基因文库保存法、园圃保存法等等。

五、资源的评价与利用

资源的评价工作是资源利用的基础，同时本身又对资源收集保存起着一定的反馈指导作用，如根据某些种类所具有（或没有）的特性，来选择适合的收集保存对象。

资源评价研究内容主要包括：①评价系统的建立，即评价标准和方法。②对各种资源特性作出具体的评价。需说明的是，园艺作物资源的评价系统应是一个不断发展的开放系统，它会随着研究的不断深入，增加一些新的项目，以适应资源利用所提出的新要求。

资源的利用是资源研究的最终目的，往往通过品种改良和栽培措施等专门的应用技术来实现。在园艺作物种质资源学中，资源的利用研究只涉及有关资源提供何种利用价值的信息，以及指出有关资源利用的可能途径。

第二节　园艺作物种质资源学的研究方法

一、历史考古法

借鉴历史学、考古学及语言学，来探讨园艺作物资源的起源、传播及利用情况，是一种重要的研究手段。如通过历史记载，我们可以知道欧洲的栽培葡萄早在2 000 多年前的汉代就已传入我国；通过《诗经》可以了解到在3 000 多年前，中国已经对桃等多种果树开始了栽培；通过考古，纠正了中国不是核桃原产地的观点。许多果树方面的历史悬案，都可能通过历史考证、考古研究而加以解决。

二、资源调查法

资源调查法就是实地考察园艺作物种类、生长及分布情况。通过资源调查，可以揭示某些园艺作物的生长习性，为资源评价奠定基础；对于调查发现的一些性状优异的园艺作物资源，可以直接建议推广和利用；通过资源调查，可以发现不同园艺作物种类的变异情况及分布范围，从而有助于园艺作物起源、演化及分类工作的研究；通过对不同园艺作物生态区的地理气候条件的调查，可以初步推断某种园艺作物资源的生态适应性和适应范围。

三、观察记载法

对园艺作物资源直观记载，对其性状进行一定的描述或评价。这种研究方法在资源的调查、分类及评价研究中具有重要的位置。

观察记载方法的原则是，描述记载结果要有可比性、易读性和综合分析性。为此，观察记载方法须科学和规范。在所有的记载方法中，都采用了如下方法：

1. 度量法

度量法又称客观指标法。例如，果重用克数，梢长用厘米。

2. 比重法

记载两个性状度量值的比值，如果形指数、叶形指数等。

3. 归类法

根据记载性状属性不同，又可分为如下方法：

(1)质差归类法：适于少数基因控制的不连续质量性状。如梨的萼片可分为宿萼、半宿萼和脱萼 3 类；桃的肉质分为不溶质、硬溶质和软溶质。

(2)级差归类法：对多基因控制的数量性状，予以分级处理后划归为不同级别。但在分级的级距上，有的采用人为的规定级距，如苹果的果实大小的划分；有的则根据统计学参数作为级距，如用标准差、极差等。牛立新等研究认为，用标准差作为级距，具有划分类别代表性较好的优点。

(3)状态归类法：适合于对性状的表现状态的描述，如对葡萄果穗密度的描述。

(4)典型归类法：即以常见品种为典型(或标准对照)，通过和典型对比，确定所观察品种的所属类别。

(5)选择归类法：对有些表现比较复杂的性状，可以分成若干类，记载时选择最适合的一类进行归类。

四、试验法

依照一定的试验设计要求，揭示园艺作物资源特有的性状，探索资源利用的方法或途径。概括起来可分为田间试验法和实验室试验法。

1. 田间试验法

即在大田条件下所进行的对比试验，如丰产性、抗病性、砧木的特性等涉及整株表现特性的鉴定。有关田间试验设计技术，可参照如《园艺植物实验设计及分析》等书籍，此处不再赘述。

2. 实验室试验法

对一些需要精细测定以及需严格控制生长环境条件的试验，则需要在室内进行。如品质的分析、组织培养及某些抗性的人工测定等。

试验法是研究园艺作物种质资源保存、分类演化、评价及利用的重要手段，也是种质资源学研究的核心问题。但在有关试验研究技术方面还需加强和重视。

五、遗传学研究方法

通过遗传学研究，可以充分揭示园艺作物资源潜在的性状或应用价值，如通过自交，可以使一些杂合的隐性基因表达；通过性状遗传规律的分析，可以评价某种资源的利用价值和途径；通过染色体技术、基因定位技术、RFLP 技术等遗传学分析，可以探讨园艺作物种类的起源及进化亲缘关系，从而使其分类更加客观可靠。

六、生物数学方法

现代生物数学是对各种试验研究数据资料分析的一种重要手段，生物数学与电子计算机的结合，可以获得比普通分析方法多得多的有益信息，大大丰富了有关资源学的研究理论。如通过聚类分析方法，可以了解不同种类的亲缘关系；通过主成分分析法，可评价和压缩性状数目等。

第三节　园艺作物种质资源的描述系统与记载方法

一、描述系统

种质资源的描述系统，就是建立以种和品种为单位的种质资源名录或者记载项目规范。

建立完善、统一的种质资源描述系统，可以：①明晰所收集保存种质资源的基本情况和基础性状。②提供一个全球性或全国性收集、保存、鉴定和评价种质资源的“共同语言”。③便于种质资源的收集、保存、交流和利用。④避免重复，经济、高效地收集、保存、评价研究和利用。⑤有利于用计算机等数字手段管理所收集、引进、保存的种质资源，以及对其评价、研究、交流和利用，提高种质资源工作的效率。

种质资源描述系统应包括下列内容：

（一）种质资源收集情况资料及代码

包括收集日期、时间（所在地、经纬度、海拔高度）、收集人员和单位、来源（国或地区，野生、农田、庭院、乡村、市场、研究单位等）、种质样品的原态（野生、半栽培、育选圃初选株系、地方品种、栽培品种或其他）、类别（营养器官、种子、组培材料、植株或兼有）、学名或别名、有无带病毒病、收集种质的原始用途（接穗品种、砧木、鲜食、加工、观赏、野生种类等）及其代码。

（二）种质资源保存情况资料及其代码

包括种质类别、名称、来源、收集、保存日期、数量、方式、地点、种质的父本和母本系谱、专利或品种权利等及其代码。

（三）特性记载和初步评价及其语言（代码）

包括特性记载和初评国家、单位、负责人、砧木名称（若为嫁接树），树体状况（死亡、衰老、成年非健壮树，健壮丰产树等），植株情况（繁殖方法、染色体数目等），花和果（采收成熟期、最长贮藏期、心室数、萼片宿存情况等）及其代码。

（四）鉴定、评价、研究及其语言（代码）

包括对种质资源进行鉴定、评价研究的国家、单位、负责人及其下列项目及代码；

对种质资源进行鉴定、评价研究的国家、单位、负责人及其下列项目及代码；

对种质资源性状的描述，一般对于可度量的项目，直接用测量表示；对于不可度量的项目，则按 9 级评定分法表示。

二、描述记载项目

理论上讲，凡与种质资源有关的所有情况和属性，都应列为描述记载项目（或对象）；限于人力、物力及技术条件等，通常是难以做到这一点的。但是，在现有研究水平条件下，应尽量不遗漏能够记载描述的有益项目。总的来看，种质资源描述记载项目可分为两类：

（一）基本情况

即园艺作物种质的基本背景情况，适合所有园艺作物种质资源的描述和记载，具体包括：

1. 种质编号

包括国家统一编号(国家级种质库或情报网络中的编号),引种号、采编号等。

2. 名称

包括学名、品种名(或系名)、原名和别名等。

3. 原产地

包括原生地和引种地等。

4. 起源

指品种(或品系)的来源,如实生、芽变、杂交的亲本,人工引变的方式等。

5. 引种情况

系指引种地点、引种单位、引种时间、引入材料类型(种子、接穗、苗木等)、引种人等。

6. 采集情况

包括采集地理位置(地名、经度、纬度、海拔)、采集时间、采集材料类型(种子、接穗、植株等)、采集人等。

7. 植物检疫

包括检疫单位、检疫情况(时间、检疫对象)。

8. 繁殖

包括繁殖方式(种子、嫁接、高接、扦插、压条、分株、组织培养等)、砧木类型。

9. 保存情况

包括保存单位、保存地点、保存地理位置(经度、纬度、海拔高度)、保存方式、保存数量、定植时间、栽培植株行距等。

10. 植株状况

包括株行号、植株年龄、植株状态。

(二)具体情况

记述各种园艺作物的具体属性,虽然不同园艺作物有所不一,但都包括如下方面：

1. 植物学性状

它是识别品种的重要依据,主要包括叶、花、果实、种子、树体等形态大小情况。

2. 农业性状

它包括农业生产中与人类利用密切相关的农业经济性状,如结果习性、果实外观、果实品质特性、果实贮藏性、繁殖性及抗逆性等。

三、标准与方法

为了遵循描述记载结果具有可比性的原则，需制定统一的标准与方法，我国果树种质资源研究工作者，参照国际植物遗传资源委员会（IBPGR）所制定的有关果树的描述记载标准和方法，编制了适合我国、并与国际标准相连接的《果树种质资源描述符—记载项目及评价标准》，为果树种质资源研究的科学化和正规化提供了依据。目前花卉等园艺作物，还缺少相应的标准，有待加强研究。

四、园艺作物种质资源描述记载标准与方法实例

为了对园艺作物种质资源描述记载标准与方法有一个比较完整的了解，现以苹果为例说明如下，此处不包括其基本情况的介绍。

（一）植物学性状

1. 叶

取生长发育正常的春梢叶片作为观察对象。下列性状评价标准的括号内为相应参照品种。

（1）叶片大小：分为小（祝光）、中（元帅系品种、富士、金冠）、大（印度、青香蕉）。

（2）叶形：分为椭圆形、阔椭圆形、卵圆形、近圆形、纺锤形、裂叶形等（图 2-1）。

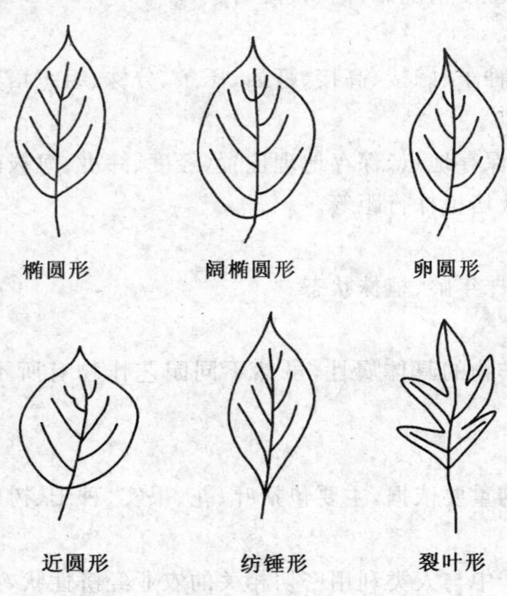

图 2-1　叶形模式

(3)叶片色泽:分为黄绿(旭)、淡绿(黄魁)、绿(国光、红玉)、浓绿(红星、新红星、祝光)、紫红(红芯子)。

(4)叶面状态:分为平展(祝光)、多皱(鸡冠)、提合(赤龙)、背卷(印度)。

(5)叶背茸毛:分为稀疏、中等、厚密。

(6)叶片纵横径:分别量取叶片纵、横径长,用平均数表示,单位为厘米(cm)。

2. 花

(1)花冠直径:用厘米(cm)表示。

(2)花蕾颜色:分为紫红(红芯子、青香蕉)、浓红(金冠、国光)、淡红(祝光)。

(3)花冠颜色:在盛花期观察,分白(祝光)、粉红(金冠)、浓红(红芯子)。

(4)花粉多少:人为少、中、多(倭锦)。

3. 果实

观察果个数不少于 10 个,取平均值或大多数情况记载。

(1)果实大小(g):以平均单果重评价,分为极小(<25.0~50.0 g)、小(50.1~80.0 g)、较小(80.1~110.0 g)、中(110.1~150.0 g)、较大(150.1~180.0 g)、大(180.1~200.0 g)、很大 (200.1~250.0 g)、极大(>250.0 g)。

(2)果实纵横径(cm):分别量取纵、横径长度。

(3)果形指数:纵、横径长度的比值。

(4)果形:分为近圆形(祝光、北之幸、倭锦)、扁圆形(国光、旭)、长圆形(惠)、椭圆形(长红、鹤之卵)、卵圆形(丹顶、金红)、圆锥形(红星、镏金冠)、短圆形(青香蕉、秦冠)、长圆锥形(伏帅、金铃)、圆柱形(玉霞)、偏斜形(印度)(图 2-2)。

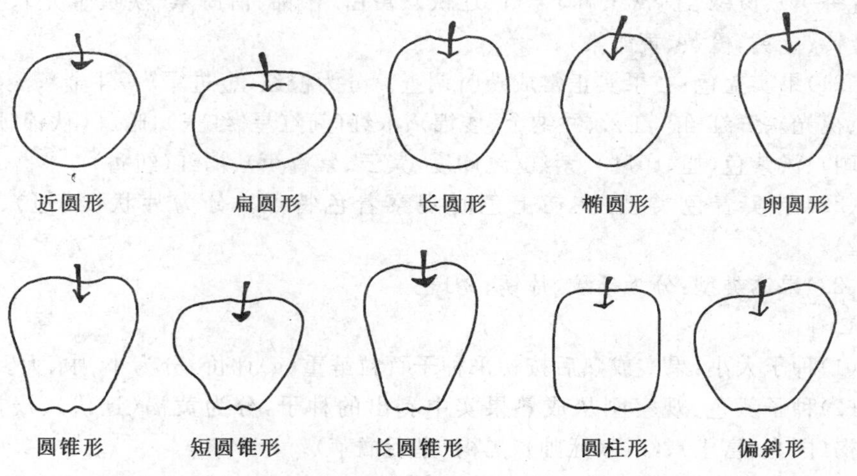

图 2-2 果形模式

(5)果梗长度(cm):分为短(<2.0 cm)、中(2.0~3.0 cm)、长(>3.0 cm)。

(6)梗洼深浅:目测。分为平(列湟特、别尔加摩特)、浅(金红)、深(富士、金冠)。

(7)梗洼广狭:目测。分为狭(丹顶)、中(金冠、富士)、广(红星、红玉、旭)。

(8)萼片状态:有宿存,即基本完整;残存,即部分萼片枯、折、残、留;脱萼,即不复存在。

(9)萼洼深浅:分为平(德国2号、沈农2号)、浅(旭、辽伏)、深(红星、金冠)。

(10)萼洼广狭:分为狭(旭、辽伏、甜黄魁)、中(秦冠、金冠)、广(玉霰、红星)。

(11)果实棱起:分为有(新红星、白卡维、凤凰卵),无(金冠、国光、秦冠)。

(12)蜡质:根据手感评价,分为少、多。

(13)果粉:观察正常成熟、尚未采摘的果实。分为少(祝光、富士)、多(槟子、旭、红印度)。

(14)果实大小:分为小(旭、红玉)、中(国光、金冠)、大(王林、印度、赤阳)。

(15)果点疏密:分为疏、密。

(16)果点状态:根据手感评价。分为凸、平、凹。

(17)果点晕圈:分为有、无。

(18)果点颜色:分为白-灰白(新红星、秦冠)、淡褐-锈红(金冠、乔纳金、国光)、橘红-淡红(红芯子、超红)。

(19)果点明显程度:分为明显、不明显。

(20)果点底色:在果实正常成熟时调查。分为红(澳洲青苹、青冠)、淡红(印度、青香蕉)、黄绿-红黄(王林、金冠、辽伏)、黄白(伏锦、白海棠、淡黄金光)、黄(魁金、金铃、金黄、橙黄、黄海棠)。

(21)果实盖色:在果实正常成熟时调查。分为橙红(金进军、一斗金)、淡红(绵苹果、祝光)、鲜红-红(红云、乔纳金、倭锦)、浓红(新红星、红玉)、暗红(秋锦、醇露、大珊瑚)、淡紫色(旭、印度)、紫红(红印度、紫云、紫香蕉)、褐红(纽番)。

(22)果实着色类型:在初上色时观察着色特点。分为片状(红冠)、条纹(红星)。

(23)果锈类型:分为条纹、片锈、锈斑。

4.种子

(1)种子大小:果实成熟后按初采种子百粒鲜重(g)评价,分为小、中、大。

(2)种子颜色:观察刚从成熟果实中剥出的种子,分为黄褐(辽伏)、浅褐(金冠)、褐(国光、富士)、红褐(元帅)、黑褐(皇后橘苹)。

(3)单果平均种子数:调查不少于10个果实,逐一统计种子数,取平均值,用粒数表示。分为少(<6)、中(6~10)、多(>10)。

(4)不充实种子比率:调查100粒种子,统计不充实种子数,求出百分比表示。分为无(0)、低(<20%)、中(20%~35%)、高(>35%)。

5. 树体

(1)一年生枝色泽:分为绿、黄绿、灰褐、黄褐、褐,红褐、紫褐、紫红。

(2)一年生枝平均长度(cm):以春梢长度为标准,调查数应不少于20个,同时注明树龄,用平均值表示。

(3)一年生枝平均粗(cm):量基部2~3 cm处的直径,调查数不少于20个,用平均值表示。

(4)一年生枝平均节间长度(cm):调查20个一年生枝的春梢总长度,数计其上>0.5 cm的明显节数后,计算节间平均长度:节间平均长度=调查一年生枝长度总和/调查一年生枝数总和。分为很短(<1.5 cm)、短(1.5~1.9 cm)、中等(2.0~2.4 cm)、长(2.5~2.9 cm)、很长(≥3.0 cm)。

(5)主干色泽:应注明树龄,分为灰、淡黄、灰褐、黄褐、棕褐、褐、紫褐。

(6)主干树皮特征:应注明树龄,分为较光滑、丝状纵裂(青香蕉、金冠、红玉、祝光)、块状剥落(富士、国光、赤阳、旭)。

(7)树姿:依主枝基角分级,分为直立(<40°)、半开张(40°~65°)、开张(66°~85°)、极开张或下垂(>85°)。

(8)冠形:观察未经整形的植株,并注明树龄,分为近圆形、扁圆形、半圆形、长圆形、圆锥形、阔圆锥形、长圆形、倒圆锥形、纺锤形、披散形(图2-3)。

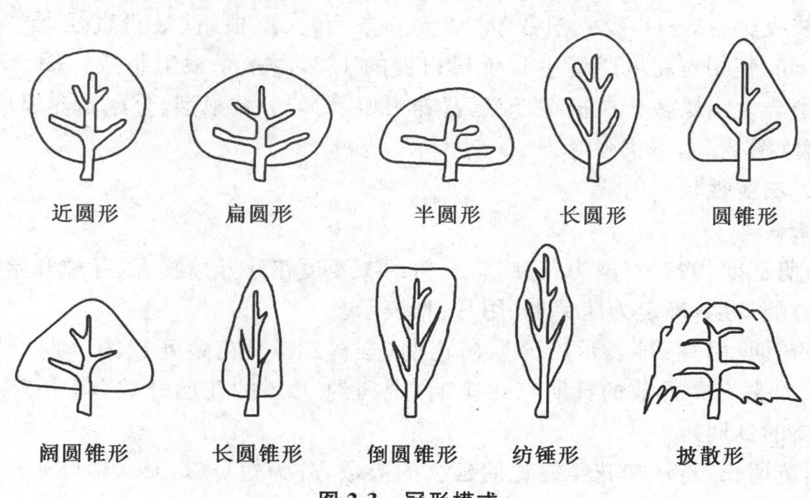

图2-3 冠形模式

(9)株型：分为普通型(红星、金冠)、短枝型(新红星、金矮生)。

(10)生长势：主要依据新梢生长发育状态、叶色和叶片发育状态判断，分为弱、中庸、强。

(11)树体大小：分别测量树高、东西冠径、南北冠径、干周(距地面 30 cm 处的主干周长)，其中前 3 项指标用米(m)表示，干周则用厘米(cm)表示。

6. 根

关于苹果根系，由于条件限制等原因，以前研究不多、了解不够，但根与苹果各性状间关系的密切性及根的重要性越来越受到重视。本部分借鉴杨洪强、束怀瑞主编《苹果根系研究》中有关根构型的分类，以根组特点为标准，即毛细吸收根组(最粗直径<0.5 mm，长度<10 cm，整个根组根系分枝级次为 2～3，吸收根数量 100～200 条，单位根系活力最高，其余根组由多个毛细吸收根组组成)、细短根组(最粗直径<1 mm，长度<10 cm，其相对粗度<着生骨干根粗度的 1/4，整个根组根系分枝级次为 3，吸收根在 350 条以上)、细长根组(最粗直径<1 mm，长度>10 cm，其相对粗度<着生骨干根粗度的 1/4，吸收根在 150 条以上)、中短根组(最粗直径>1 mm，长度<10 cm，其相对粗度>着生骨干根粗度的 1/4，整个根组根系分枝级次为 4～5，吸收根在 500 条以上)、中长根组(最粗直径>1 mm，长度>10 cm，其相对粗度>着生骨干根粗度的 1/4，整个根组根系分枝级次为 3～4，吸收根>400 条)、粗短根组(最粗直径>2 mm，长度<20 cm，其相对粗度>着生骨干根粗度的 1/4，整个根组根系分枝级次多于 5，吸收根数量>5 500 条)、粗长根组(最粗直径>2 mm，长度>20 cm，其相对粗度>着生骨干根粗度的 1/4，整个根组根系分枝级次为 3～4，吸收根数量>3 500 条)和大型根组(最粗直径>5 mm，长度>20 cm，其相对粗度>着生骨干根粗度的 1/3，由多个根组组成)，图示性地将苹果根型分为浅层多分枝根型、疏远营养根型、均匀分枝根型、分层营养根型、线性团状根型(图 2-4)，以供参考。

(二)农业性状

1. 物候期

(1)萌芽期：调查对象为花芽，将全树约 1/4 顶花芽开始膨大、芽鳞开始松动绽开或露白的日期，确定为萌芽期，用月、日表示。

(2)花期：用月、日表示。分为初花期(全树约 5%花朵开放的日期)、盛花期(全树约 25%花朵开放的日期)、终花期(全树约 95%的花已开放，其中 75%的花开始落瓣的日期)。

(3)花期长短：从初花至终花期延续的天数，分为短(<6 天)、中(6～8 天)、长(>8 天)。

(4)新梢第一次停止生长期：即树冠外围75%的春梢开始封顶或生长停顿的日期，用月、日表示。分为早（甜黄魁）、中（金冠）、晚（国光）。

a. 浅层多分枝分散根型

b. 浅层多分枝集中根型

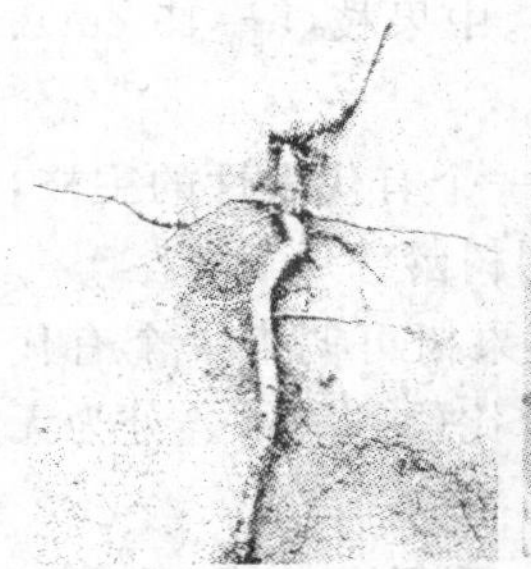

c. 独根深远营养根型

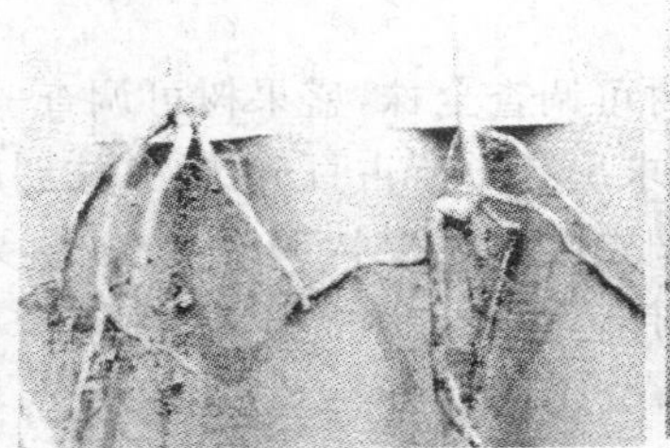

d. 多根深远营养根型

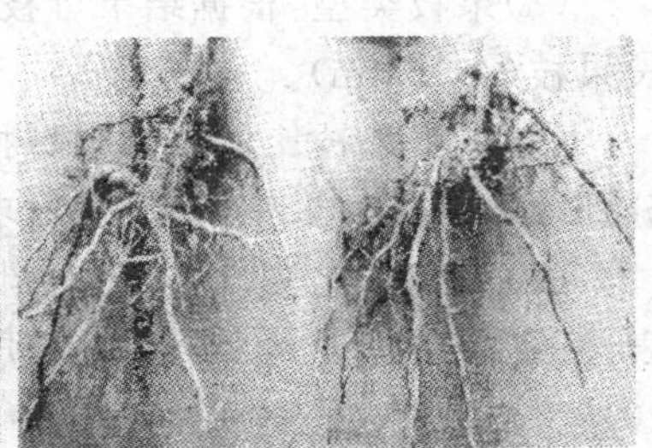

e. 均匀分枝根型

f. 分层营养根型

g. 线性团状根型

图 2-4 苹果根型

(5)果实成熟期：全树75%的果实正常成熟的日期，用月、日表示。

(6)果实成熟早晚:以果实发育天数为评价标准。分为早(<85天,甜黄魁、早金冠、辽伏)、中早(86～110天,祝光、伏锦、北之幸)、中(111～140天,金光、津轻、旭)、中晚(141～155天,红玉、元帅系品种、金冠)、晚(156～165天,国光、富士、乔纳金、金晕)、极晚(>165天,澳洲青苹、冬国光)。

(7)落叶期:全树75%叶片正常脱落的日期,用月、日表示。

(8)营养生长天数:从花芽萌动至落叶期之间历经的天数。

2.生长结果习性

(1)萌芽率:随机调查不少于10个二年生枝进行统计,萌芽率=(萌芽总数/总芽数)×100%。分为低(<50%)、中(50%～75%)、高(>75%)。

(2)成枝力:随机调查不少于10个二年生枝,统计其上大于5 cm的枝条数(新梢或一年生枝)的平均个数。分弱(<5个)、中(5～7个)、强(>7个)。

(3)果枝类型:根据结果母枝长度,分为短果枝(<5 cm)、中果枝(5～15 cm)、长果枝(>15 cm)。

(4)各类果枝比例:初结果树可调查全株,盛果树可调查一个有代表性的主枝,分别统计各类型果枝个数,最后求出各自所占百分比,并注明树龄。

(5)腋花芽比率:在初花期调查。初结果树调查全株,盛果树可调查一个有代表性的主枝,统计其上腋花芽花序占总花序数的比率,用百分比(%)表示。分为无(0)、少(<10%)、中(10%～30%)、多(>30%)。

(6)早实性:从嫁接后至开始结果之间的年限。分为早(<5年)、中(5～6年)、晚(>6年)。

(7)自花结实率(%):自花授粉时的花朵坐果率,分为无(0)、低(<15%)、中(15%～30%)、高(>30%)。

(8)花朵坐果率(%):在花期调查80～100个花序并标记,在6月落果后调查这80～100个花序坐果总数、计算果数占花朵数的百分率,分为低(<15%)、中(15%～30%)、高(>30%)。

(9)花序坐果率(%):在花期标记100个花序,6月落果后调查这100个花序坐果的花序数,计算坐果花序的百分率。分为低(<40%)、中(40%～60%)、高(>60%)。

(10)每果台平均坐果数:在6月落果后调查100个果台,包括空台,统计坐果总数,取平均值,最后以个数表示。分为少(<1.0个)、中(1.0～1.4个)、较多(1.4～1.9个)、多(>2.0个)。

(11)连续结果能力:调查50～100个果台,连续结果≥2年的果台所占的百分比。分为低(<10%)、中(10%～30%)、高(>30%)。

(12)采前落果程度(%):在正常采收前15天开始统计落果数量,至采收后,按采前落果数量占结果数量的百分率评价。分为轻(<10%)、中(10%~25%)、重(>25%)。

(13)丰产性(%):以同期成熟的同龄丰产主栽品种的产量为标准进行比较,按产量增减百分数评价。分为不丰产(<-20%)、丰产(-20%~20%)、极丰产(>20%)。

(14)大小年程度:按单株大小年幅度分级,注明树龄。大小年幅度=[(大年产量-小年产量)/(大年产量+小年产量)]×100%。分为轻(<15%)、中(15%~35%)、重(>35%)。

3.果实外观

(1)果实着色程度:随机取样不少于50个果实调查。分为全面着色,即占调查果90%以上的果有90%的果面部分着色;部分着色,即仅局部着色,达不到全面着色的果。

(2)果面光洁度:分为平滑光洁(新红星、乔纳金、倭锦、富士)、较粗糙少光泽(虾夷衣、胜利、北之幸、金冠)、多锈(虾夷衣)。

(3)果锈程度:依据果锈在果面上分布的面积、部位和显著情况,分为无(果面无锈或仅梗洼有很少)、少(小于果面的1/4)、中(占果面的1/4~1/2,且较明显)、多(大于果面的1/2,成片,明显)。

(4)外观总评:按10分制评定,其中果实大小占3分、色泽3分、形状2分、果面光洁度1分、果锈1分,分为差(<5.0分)、较差(5.0~5.9分)、中等(6.0~7.5分)、好(7.6~8.9分)、极好(9.0~10.0分)。

4.果实品种特性

(1)果皮厚度:分为厚(赤阳、红星、秦冠)、薄(金冠、红玉、富士)。

(2)果皮韧度:分为韧(国光、新红星)、脆(老笃、津轻)。

(3)果心大小:依心室尖端达到果实半径的相对位置评价。分为小(<果实半径的1/3)、中(占果实半径的1/3~1/2)、大(>果实半径的1/2)(图2-5)。

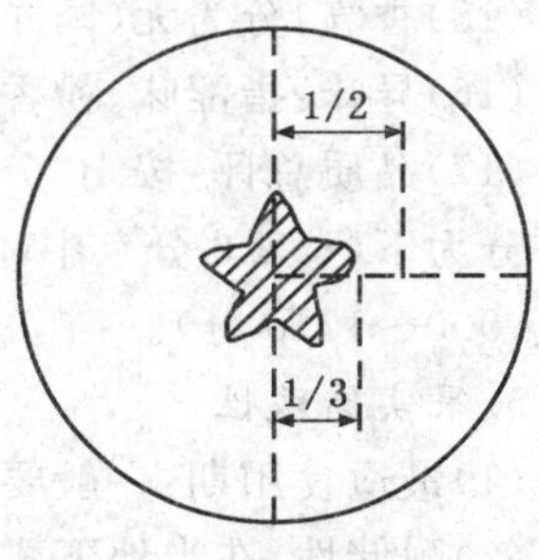

图2-5 果心大小示意图

(4)果肉颜色:分为白(旭、倭锦、红绞)、绿白(含淡绿、黄绿,印度、澳洲青苹)、黄白(含乳白、乳黄,红玉、国光、金冠、富士)、黄(含浅黄、浅橙黄,乔纳金、胜利、金红)、红(含淡红、淡紫红,红肉苹果、红芯子)。

(5)果肉质地：在正常成熟采收时记载，分为松软（黄魁、红魁）、绵软（绵苹果）、松脆（津轻、富士、金冠）、硬脆（致密，红星、国光、延风）、硬（印度）、硬韧（大陆 52、富丽）。

(6)果肉粗细：分为粗（鸡冠、倭锦、早金冠）、中（国光、富士、红星）、细（旭、红玉、津轻）。

(7)果肉带皮硬度（kg/cm^2）：果实初采时，用硬度计测定果实阳面胴部，注明测定时期和工具，分为极低（＜7.0）、低（7.0～8.4）、中等（8.5～10.4）、高（10.5～11.9）、极高（≥12.0）。

(8)果肉去皮硬度（kg/cm^2）：果实初采时，去除果皮测定硬度，方法同前。分为极低（＜5.0）、低（5.0～7.4）、中等（7.5～9.4）、高（9.5～10.9）、极高（≥11.0）。

(9)汁液：分为少（胜利、印度）、中（青香蕉、赤阳）、多（津轻、富士）。

(10)可溶性固性物（％）：测定果实阳面胴部的果肉，分为极低（＜9.0％）、低（9.0％～10.9％）、中等（11.0％～13.9％）、高（14.0％～16.9％）、极高（≥17.0％）。

(11)可溶性糖（％）：注明测定方法，分为极低（＜8.0％）、低（8.0％～8.9％）、中等（9.0％～9.9％）、高（10.0％～10.9％）、极高（≥11.0％）。

(12)可滴定酸（％）：注明测定方法。分为极低（＜0.20％）、低（0.20％～0.39％）、中等（0.40％～0.69％）、高（0.70％～0.89％）、极高（≥0.90％）。

(13)维生素 C 含量：以 100 g 果所含维生素 C 毫克数表示。分为极低（＜1.0 mg/100 g）、低（1.0～2.9 mg/100 g）、中等（3.0～4.9 mg/100 g）、高（5.0～7.9 mg/100 g）、极高（≥8.0 mg/g）。

(14)风味：以正常成熟时采收后即品评为准。分为极甜或甜（印度、延风、胜利）、淡甜（绵苹果、金光、辽伏）、酸甜（津轻、王林、秋锦）、酸甜适度（富士、金冠）、甜酸（国光、旭）、微酸（红玉、金晕）、酸或很酸（澳洲青苹、黄魁）。

(15)香气：分为无（国光）、淡（秋锦、富士）、浓（元帅、金冠、红玉）。

(16)异味：指涩味、粉香味、酒味等。分为无、有。

(17)品质总评：按 10 分制评定，其中肉质 3 分、风味 4 分、汁液 2 分、香气 1 分。分为下（＜5.0 分）、中（5.0～6.9 分）、中上（7.0～7.9 分）、上（8.0～8.9 分）、极上（9.0～10.0 分）。

5.果实储藏性

(1)最适食用期：一般要注明储藏方式，在此时期内食用效果最佳。

(2)耐储性：在半地下式通风储藏库条件下储藏，按储藏天数分级。分为极弱（＜21 天）、弱（21～60 天）、中等（61～120 天）、强（121～180 天）、极强（＞180 天）。

(3)果面变化：包括皱皮、变色、起蜡程度等。调查不少于50个果实，按果面发生的百分率评价，分为无(0)、极轻(<5.0%)、轻(5.0%～15.0%)、中等(15.1%～30.0%)、重(30.1%～50.0%)、严重(>50.0%)。

(4)储藏病害：包括轮纹病、斑点病、虎皮病等。调查不少于50个果实，按发病果百分率表示。分为无(0)、极轻(<5.0%)、轻(5.0%～15.0%)、中等(15.1%～30.0%)、重(30.1%～50.0%)、严重(>50.0%)。

6.繁殖特点及抗性

(1)最佳繁殖方法：包括播种、扦插、嫁接、压条、分株、组织培养等。

(2)嫁接亲和力：根据嫁接后愈合情况、生长表现等判断评价，并注明砧木种类。分为不亲和(不能成活或虽成活但生长衰弱、黄化，甚至死亡，根颈部位易折断)、亲和力弱(愈合差，生长受抑制，砧穗生长不一致，适应性和抗性受影响)、亲和力中(愈合较好，无明显不良反应，但生长势一般)、亲和力强(愈合牢固，砧穗生长一致，植株生长旺盛，适应性强，对结果无不良反应)。

(3)扦插生根能力：依每一插条生根数评价，同时注明生根方法。分为无(0)、弱(<5)、中(5)、强(>5)。

(4)砧木致矮程度；按嫁接乔化品种后为该品种乔砧植冠体高度的分数(几分之几)评价。分为极矮化(1/5)、矮化(2/5)、半矮化(3/5)、半乔化(4/5)、乔化(5/5)。

(5)砧木固地性：依植株有无倒伏情况及其发生的比率评价。分为弱，即倒伏植株比率>5%；中，倒伏植株率<5%；强，即无倒伏现象。

(6)抗逆性：包括对低温、干旱、湿涝、晚霜、盐碱、营养胁迫等的抗性，注明测定方法。分为极弱、弱、中等、强、极强。

(7)抗病性：包括腐烂病、轮纹病、炭疽病、早期落叶病等的抗性，注明测定方法。分为不抗、低抗、中等、抗、高抗、免疫。

(8)抗虫性：包括对食心虫、螨类、蚜虫等的抗性，注明测定方法。分为不抗、低抗、中等、抗、高抗。

实际记载时，一般不同记述项目一律用数字编码(可查寻有关记载标准书目)，如苹果果实大小的编码为11·1，苹果抗病性编码为13·2等，以便于输入电脑、储存信息及检索。

(撰写人　牛立新　韩振海　王忆)

第三章　园艺作物的起源与分布、演化及传播

第一节　园艺作物的起源与分布

园艺作物的起源与分布，即研究现代园艺作物的原生地及其古今分布范围。我们知道，每种园艺作物种类，都发生于某一特定地区，但其分布在人类的传播及自然力的作用下，都会发生改变。研究园艺作物起源，不但有助于丰富和发展生物进化理论，而且对引种、栽培和新品种选育都有重大意义。

园艺作物起源研究所涉及的学科门类繁多，除了地理、历史、考古、民族、语言、人类等学科外，特别重要的还有植物学、植物分类学、古植物学、植物地理学、生物物理学、遗传学及分子生物学等现代生物科学。从生物科学的研究角度看，最主要的方法有园艺作物种质资源的调查，并通过细胞学和遗传学等实验方法，予以科学的分类鉴定并阐明其亲缘关系，以探明其起源问题。

从植物起源的研究历史看，和其他植物一样，园艺作物的起源也沿承以下观点。

一、特创论

在18世纪及其以前的时代，基督教所支持的特创论（Theory of special creation）占统治地位，认为地球及其生物都是上帝按照一定的计划、一定的目的创造出来的，而且只有几千年的历史。包括著名分类学家林奈（Linnaeus，1707—1778）也是特创论、物种不变论的捍卫者。

二、进化论

1859年，查理·达尔文（Charles Darvin，1809—1882）发表了划时代著作《物种起源》，标志着特创论的失败、进化论的崛起。进化论指出，各种生物都有共同的起源，现代栽培植物是由古代野生植物经人工选择栽培、发生深刻变化而来，这就为研究起源指明了方向，即从野生种类探寻栽培植物的起源。

三、起源中心论

(一)德坎道尔栽培植物起源"3大中心"论

1882年，德坎道尔(A. de Candolle)通过对历史学、地理学、语言学、考古学等学科的研究，发表了《栽培植物考源》，探讨了栽培植物起源问题，并指出栽培植物应有的起源中心，把世界划分为3大栽培植物起源中心：①中国；②西南亚和埃及；③热带亚洲。

(二)瓦维洛夫栽培植物起源"8大中心"论

20世纪初，前苏联著名植物学家瓦维洛夫(Николай Иванович Вавилов)及其学派的研究者们，第一次把德坎道尔、达尔文和孟德尔的方法和学说融为一体，对植物起源问题进行细致综合研究。1923—1933年，瓦维洛夫组织了一次全球性植物考察，涉及约60个国家，采集了大量标本。1926年，瓦维洛夫出版了《栽培植物起源中心》，将全世界栽培植物划分为5个起源中心；经补充完善，1935年增加到8个起源中心或基因中心，包括8大中心和3个亚中心，即中国中心、印度-缅甸中心(印度-马来西亚亚中心)、中亚西亚中心、近东中心、地中海中心、埃塞俄比亚中心、中美中心、南美中心(智利亚中心，巴西-巴拉圭亚中心)。

除提出"8大中心"外，瓦维洛夫的起源中心论还有一系列理论与之相配套。主要观点有：①在8个栽培植物起源中心里，集中蕴藏着栽培植物的种和品种。各个地区的农业是各自独立地发展起来的，因为他们的农业方式、工具和家畜都各不相同。②这些中心局限在很狭窄的范围内。它们常和大山脉的总走向相一致，常被山脉或沙漠所隔离。这种隔离产生了独立的植物区系和人群的独立发展，二者相互影响又产生了独立的农业文化。③绝大部分栽培植物发源于东方世界，尤其是中国和印度，这两个国家几乎提供了一半的栽培植物。④有一些植物的起源有几个地区或几个中心。在原始中心的边缘可以发展出次生中心，次生中心内栽培植物又会发展出特别的类型。⑤栽培植物的生长特性与其地理分布规律有很好的一致性。

瓦维洛夫起源中心论，为现代人们进行栽培植物分类、遗传、育种等方面的工作打下了良好基础，在全世界得到了广泛承认。但他的中心论也有不足，如过分强调起源初生中心的遗传变异，而过低估计次生中心的遗传变异(Harlan，1956)。

(三)茹考夫斯基栽培植物起源"12大中心"论

1970年，前苏联植物学家茹考夫斯基(Л. М. Жуковский)对瓦维洛夫起源中心论进行了补充，增加了澳大利亚、非洲、欧洲-西伯利亚和北美等4个中心地区。1975年，茹考夫斯基与荷兰植物育种学家泽文(A. C. Zeven)合作编著了《栽培植物及其演变中心辞典》,总结了世界各国学者考究、发现和报道的栽培植物及其野生近缘种,并按科、属、种拉丁名名称的字母顺序排列。

但至今,栽培植物起源中心论问题并未完全解决,如某些栽培种的具体起源中心(小中心)仍不清楚,一些栽培种的野生近缘种尚不明了,这些都有待于进一步的研究解决。

第二节 园艺作物的演化

园艺作物的演化包括过去野生种类被驯化并逐渐演变为现在栽培的园艺作物的过程,以及野生种类之间的进化关系等。研究园艺作物的演化,不但是资源学研究的一个重要理论问题,而且也直接牵涉到资源的进一步分类,以及对资源利用的潜力评价问题。

园艺作物的演化分为两个层次:一个是从野生种到栽培种的演化;另一个是栽培种内的演化。因为后一个层次的演化是发生在前一个层次之后,距离现代较近,且一直在不断发生,故本书主要是对前一个层次的演化,即从野生种到栽培种的演化进行简述。

考古证据和历史资料证明,早在公元前 9 000 至公元前 8 000 年远古农业之时,就开始了野生植物向栽培植物的驯化。瓦维洛夫(1931)曾记述高加索和天山山脉一带的土著居民在野生林地开垦麦田时,将结果较好的野生苹果、西洋梨、樱桃、李原地保留下来,形成果园的雏形,也为这些果树的演化奠定了基础。古人类定居后,对其以前经常采食的野生蔬菜中无毒、风味好、能佐食、易繁殖的种类逐渐移植到园圃,经长期驯化、选择,演化形成蔬菜栽培种类和品种。

对果树、蔬菜、茶等园艺作物而言,正如曹家树、秦岭(2005)所描述,从野生种到栽培种的演化经历了以下变化:①细胞、叶、果实、种子等发生变化,品质变好;②果实数减少,单果重增加;③器官间发育不均衡;④繁殖能力和种子传播能力降低;⑤苦味和有毒物质消失或减少;⑥机械组织退化,食用器官变柔嫩;⑦成熟整齐度提高;⑧生育期缩短或延长;⑨种内变种类型增多;⑩生殖器官退化、畸变,产生生殖隔离。对观赏植物而言,其品种的演化与植物的自然进化方向并不完全一致,甚至在一定程度上人为地保留和创造了一些与植物进化相违背的畸形、返祖、病态甚至致死的劣变类型;另外人们还在不断地利用外来基因,创造种间、属间、科间乃至生物间的杂种,使得观赏植物种类繁多而千姿百态。

第三节　园艺作物的传播

园艺作物的传播，往往伴随着人们的活动而发生。追溯园艺作物的传播历史，对于研究园艺作物起源、品种引进或输出，都有重要的借鉴意义。

园艺作物的传播，正如其他植物一样，主要通过文明扩张、商贾贸易、使节往来、民族迁徙、现代引种等方式进行。

和自然迁移相比，园艺作物的传播具有以下特点：①从进程上看，自然迁移发生缓慢，是一种渐进发生的过程；而园艺作物的传播，可以在很短时间里发生或完成。②从范围上看，自然迁移范围一般较小，而人工传播（园艺作物的传播）则可跨越空间超距离地进行。③从适应性的改造方面看，自然迁移中，适应性是自然选择的结果；而园艺作物传播中，为了使其适应新的环境，往往通过一些人为措施来改变环境，使之适应新的地方，还可通过杂交育种等手段，选育出适应新环境的种类或品种。④从传播的非自然因素看，与自然迁移相比，园艺作物传播中还受许多非自然因素的影响，如文化、生活、风俗、宗教、饮食习惯等。

通过园艺作物的引种和传播，世界各地都能分享到全人类劳动和智慧的果实。此外，它还可以改变某一地区的产业结构和经济发展模式，如起源于我国的猕猴桃，却富庶了新西兰。但是，园艺作物传播过程也有一些副作用的发生：①由于人们在引种过程中存在着“选择”的片面性，使某些类型遭到遗弃，造成种质资源的丢失。②新引类型对当地品种类型发生排挤，使种质遭受损失。③园艺作物的引种传播，由于新引入的优良品种往往具有诱人的典型经济性状，还会妨碍某些所谓“落后”的园艺作物种类的开发利用。④园艺作物的引种传播，由于新引材料只能代表本群体中遗传因素的一小部分，遗传基础，特别是抗性遗传基础有限，往往导致某种病虫害迅速发生。

（撰写人　韩振海　王忆）

第四章　园艺作物种质资源的考察、收集和保存

园艺作物种质资源具有区域性、再生性、解体性、用途多样性和可栽培性等特点。进行园艺作物种质资源的考察，摸清种质资源种类、数量和分布，合理收集、保存与利用种质资源有明显的重要性，也因此受到世界各国的重视。

第一节　园艺作物种质资源的考察

种质资源考察是指查清和整理一个国家或地区范围内种质资源的数量、分布及特征特性的工作。

一、园艺作物种质资源考察的目的和意义

(一)摸清园艺作物种质资源储量与利用情况

通过资源考察，可以摸清当地园艺作物资源的总储量、经济储量和经营储量，以直接或间接地应用于生产。在考察中发现的优良栽培品种、品系经鉴定后，有推广价值的可直接推广利用，不能直接推广的则作为育种原始材料，作为杂交亲本，培育新品种。一些野生的植物资源可直接利用，很多野生植物还是抗性育种和砧木资源的重要来源。

(二)为园艺发展规划或品种区域化提供材料

通过考察，可了解和掌握一个地区园艺作物生产的概况、当地与园艺生产有关的自然条件、当地栽培的园艺作物种类和品种及其表现，从而确定发展种类和品种，并制定开发利用规划。另外，通过考察自然条件种类或品种及园艺作物表现，还可以为新品种的引进提供重要参考数据，增加引种成功的可能性。

(三)为园艺作物的起源和演化的研究提供数据

通过对一些重要地方园艺作物野生种和近缘野生植物的考察，可发现植物起源和演化的新线索，不断丰富园艺作物起源、演化理论。

(四)为园艺作物编志、成文积累素材

通过资源考察，经过鉴定、整理，编写成园艺植物志，或者整理成文章发表，这不仅为当地园艺作物进一步研究和利用提供材料，也为其他地方引种，或选用育种

的原始材料提供基因资源信息。

二、园艺作物种质资源考察的内容和方法

(一)考察前的准备工作

1. 制订考察计划

制订考察计划,一般包括考察的目的、任务、组成人员、考察路线、时间、经费预算以及物资设备等。作为园艺作物种质资源考察,尤其是在考察范围方面,制订计划时应重点考虑以下 4 类地区:①园艺作物初生起源中心和次生起源中心;②园艺作物最大多样性地区;③尚未进行过园艺作物种质资源调查和考察的地区;④园艺作物种质资源遭受损失和威胁最大的地区。

2. 考察地点的确定及设备条件的准备

在制订好考察计划后,就须确定园艺作物种质资源考察地点和路线,还应查阅与所考察地区有关的图像、文字资料和计算机数据库,了解该地区地形、植被、土质、水文、气候等方面的信息,以及社会结构、民族分布、生活习惯、经济状况、社会变迁情况、耕地面积、作物种类、栽培方式、主要病虫害发生情况等背景资料。

考察前除了要准备交通工具、收集样本用具、有关的调查记载表格、考察时用的仪器设备、工具与容器、衣食生活用品(包括药品)等,还必须注意安全设备的准备。在考察人烟稀少、野兽出没的地区时,一定要有当地的向导,还要携带一些必需的防身武器;在考察气候变化无常的高山、峡谷时,还要带些防雨、防寒和防洪等设备。

3. 自然条件和社会经济情况的考察

在实地考察前,要由当地有关行政部门介绍,通过抄录统计部门的资料,查阅地方志等对当地的农业生产概况、人口组成、自然条件、社会经济情况有所了解,最好有当地的地形图、林相图、植被图、草场图、航空片、卫星片等图像和有关的文字资料。此外,还可以通过访问,了解更多的情况。

(二)环境和生态条件的考察

进行种质资源考察时,应首先对植物所在地的环境条件进行考察,了解植物的分布规律和生物学特性,为适地适栽、品种的区域化和引种提供资料。

1. 地形考察

资源考察所在地的地形变化对植被、土壤和气象等因素有很大影响,也影响果树的垂直分布带和小气候。地形考察包括地形类型(山地、平原、沼泽地、丘陵地、冲击地)、环境范围(自然界及行政区界)、山系(山系名称、海拔高度、走向、支脉及结构层、岩石分布等)、水系(河流名称,支流、位置、流域面积,河谷类型、比降、冲积

扇情况等)和平川(类型、地势、地面平整情况和范围)等。

2. 土壤考察

土壤的性质、理化特性直接影响植物生长发育和自然分布。土壤考察主要包括土壤形态特征(土壤类型、成土母岩、土层厚度、土壤颜色、土壤质地、土壤结构、土壤中新生体和侵入体、土壤水位等)和土壤理化特性(土壤酸碱度、土壤紧密度和孔隙度、土壤有效成分、土壤含水量等)。

3. 气象资料考察

气象资料的考察主要从当地气象部门收集,除考察一般气象要素外,还应特别注意灾害性天气,这方面还可以访问当地群众。气象资料考察主要包括气温(年平均气温,1 月份和 7 月份平均气温,绝对最高和最低温度,有效积温)、低温(0 cm、20 cm、40 cm 深度的月平均低温,土壤开始冻结和解冻日期,冻土天数,土壤冻结深度)、相对湿度(年平均湿度,全年相对湿度≤30%、≤50%和≤80%的天数)、日照(各月日照时数,年平均时数,最大值)、蒸发量(最大蒸发量,出现的日期,年平均蒸发量)、降雨量(年平均降雨量,最大和最小年降雨量,降雪天数,积雪天数和期限,降雨集中月份,最长连续降雨天数,最长连续干旱天数)、风(冬季和夏季最多风向、强度。冰雹发生月份、年均发生次数、危害程度。早、晚霜出现日期、最低温度、持续时间、无霜期天数。冷、冻害最低温度、持续时间及危害程度。大风种类、风力风向、常发生时间和危害程度)。

4. 植被考察

自然形成的植物群落,具有一定的结构、一定的种类和显著的指示特征。这些特征常能反映所在环境的外界条件。对园艺作物栽培环境的考察,还应包括对园艺作物分布区植被群落的特征以及具有指示特征的植物分布情况的考察。考察植被时,木本植物群落应记载优势种类、高度、直径、密度、所占比例等;草本植物群落应记载优势科属的覆盖度、根系和生长情况等。

(三)园艺作物概况考察

对园艺作物种质资源考察前,应对考察地区的园艺作物生产情况进行访问、考察,可作为深入考察的基础。具体考察项目有:

1. 园艺作物概况

包括园艺作物栽培历史、物种或品种的来源,栽培株数、面积,分布地区和分布特点,现有品种及其比例。

2. 栽培技术

包括繁殖方法、砧木种类,栽培时期、栽植方式、品种配置,施肥方法、种类和数量,灌水时期、数量和方法,间作情况及对园艺作物的影响,修剪方法和时间,水土保持措施和病虫害防治等。

3.储藏、运输、销售、加工情况和生产中出现的主要问题

包括采收期，储藏方法，销售地区及销售量的近年情况，收购数量和价格，商业部门对园艺产品购销的具体措施和政策，各个种类和品种的加工方法和加工成品的销售情况等。

4.生产中出现的主要问题

如肥水来源及解决方法，品种优劣、改良和区域化问题，影响产量和品质的限制性因子，果树大小年及克服方法等。

(四)园艺作物种类和品种考察

这是园艺作物种质资源考察最关键的一环，主要记载被考察地野生与栽培园艺作物的种类(包括变种)和品种、它们的形态特征和生物学特性，经济器官的利用价值和某些潜在的可利用价值等。

1.种质资源考察的范围

种质资源考察的范围一般在园艺作物起源中心、栽培中心和遗传育种中心进行。在起源中心主要收集地方品种、原始种和野生近缘种，重点放在野外采集上。在栽培中心地区，自然条件更适宜园艺作物的生长发育，形成了丰富的种质资源；这一地区应主要搜集各类地方品种和具有独特性状的类型，重点要访问农户、了解品种的演变历史以及品种的经济性状和抗不良环境的特性。在各遗传育种中心地区有较丰富的种质材料，主要搜集育成的优良品种、品系及特殊的遗传材料，重点要进行田间评选，了解品系的系谱和特征。

2.观察记载内容

不同种类的园艺作物性状差别很大，在种质资源考察过程中，观察记载的内容和描述符(descriptors)数量都有所不同，如苹果记载19项，茄子21项，葡萄、豇豆各26项。但各类园艺作物种质资源考察都应观察记载以下信息：

(1)种质生境信息

①地理位置——包括考察点的自然和行政区域(写明省、县、乡、村及小地名)、经纬度、海拔高度、离最近城镇的方向和距离，以及地势、坡向、坡度等；②水土状况——包括土壤类型、土层厚度、水文条件等；③气候条件——包括年均温、月均温、最高温、最低温、无霜期、太阳辐射量、降雨量等；④生态条件——包括植被状况、伴生植物(野生资源)、间作物(栽培品种)等。

(2)资源本身的信息

①种质类别——野生种、栽培种的亚种、变种及地方品种、育种材料、育成品种等；②种质来源——野外、农田、市场、科研单位等；③种质名称——原名、学名、别

名、地方名等；④种质编号——考察时的临时编号；⑤利用价值——包括现实的利用价值如产量、品质、用途、藏运特性等，潜在的利用价值如野生资源被当地居民利用情况、可开发利用的植物体部位、栽培植物的某种特殊用途；⑥利用情况——包括在当地作物中所占比重、栽培历史、分布情况等；⑦植物学特征——包括根的类型与分布，茎的类型与大小，植株高度，分枝情况，叶的种类、形态与着生方式，花的形态特征，果实类型与形态，繁殖方法，种子形态等；⑧生物学特性——包括生长习性、开花、结果习性、生育周期以及对主要胁迫(如病虫害和各种逆境)的反应。

(3)品种和种类的评价：包括优缺点和发展前途。

(4)其他相关信息：①考察者及其所属单位；②影像资料。

3.采集样本

采集种质样本要考虑地点的选择、采样技术和采样数量，并做好样本编号、标本制作和原始记录工作。

(1)地点的选择：采集样本地点主要是栽培品种的生产地和野生种的自然生境。

(2)采样技术：由于种质中变异的发生频率是不均衡的，随机采取往往导致许多珍贵材料的遗漏，因此，样本的采集应有选择性。

(3)采样数量：采样的目标是在最小的样本数目中获得最大的变异性。适宜的样本数目依多样性程度而定。一般而言，在一个考察地区内，多设点比在同一点上大量取样要好。地方品种、野生种和野生近缘种都是比较混杂的群体，采集各种种质材料的数量应尽量多些。

(4)样本编号：采集到的各种标本都要及时挂上标签并编号，同一材料的各种标本编号要一致，同时填写原始记录卡。

(5)标本制作：标本主要用于鉴别种类或分类，应具有代表性。考察中采集的标本应及时烘干、压制。

(6)原始记录卡：野外考察时，应仔细观察，并把观察结果逐一记入原始记录卡，记录卡应突出反映各种质材料的基本信息和特色内容。

此外，对于某些主要的种质材料采集点，一些种质样本，特别是采集后往往因无水而变样的样本，以及有些植株高大的园艺植物在考察时只能采集植株的一部分作为标本而不能反映植株全貌等情况，应及时摄影摄像、制作彩色图片、幻灯片及录像带。

总之，园艺植物种类繁多，在进行种质资源考察时应有统一的表格，统一记载项目，以便进行资料的整理和总结分析。

当然，考察结束后，应全面总结考察工作、撰写总结报告。考察报告应尽可能详细，并包括本次考察的经验与教训，以便为当前和今后种质资源利用提供参考。

第二节　园艺作物种质资源的收集

对经过考察或信息渠道了解掌握的园艺作物种类和品种、资源圃中需要保存的资源、需要从外地引进的资源及人工创造的种质资源等，都应进行合理收集，为生产上利用或作为育种的原始材料，保存尚未搞清楚但有潜在价值的种质及遗传多样性奠定基础。

一、种质资源收集的一般原则

种质资源的收集需要遵循 5 个原则：目的性、全面性、完整性、代表性和无疫性。

（一）目的性

根据收集的需求和目的，有针对性地收集种质资源，不可盲目地、不切实际地大量收集。对需要的种质资源要采用一切必要途径进行收集，收集时应由近及远，从本地到外地，根据需要先后进行。

（二）全面性

收集种质材料的种类要齐全，尤其是地方品种和野生种，往往是类型很多的群体。特殊种质或一些利用价值尚不明确的材料，在收集时不可遗漏。

（三）完整性

收集的资源标本要求完整，特别是花和果实；对于雌雄异株的植物，雌株和雄株分别采集；先开花后长叶的植物，要分两次采集标本。

（四）代表性

收集的标本、种子或无性繁殖材料应来自群体植株，尽可能充分表现其遗传变异度，这样才能代表该种质资源的特征特性。

（五）无疫性

种质资源收集时，一定要注意检疫，不要让检疫对象随种引入。

二、种质资源收集的方法

为了使收集的资源材料能够更好地研究和利用，收集时必须了解其来源、产地的自然条件和栽培条件、实用性和抗逆性以及经济特性。

种质资源收集时所选用的材料，有的为枝条，有的是种子，还有的是苗木，也可能是其他器官或繁殖体，这要根据种类和品种、收集时间和地点等因素而定。如果收集的材料为种子，则要求种子成熟、充实、饱满、具有高度的生活力；如果收集的材料为枝条，则尽可能是优质的枝条，长势中等，为强壮枝条基部和顶部充实的芽，并要用当地的砧木嫁接繁殖；如果是苗木等繁殖体，要符合其规律和质量等的要求，具有高度的纯度和良好的种苗品质，以保证收集的成功。

资源收集的数量，要根据种类或品种的生长习性和营养面积的大小、繁殖的难易、保存的数量来确定，为了对收集的材料进行选择、整理，收集的材料原则上应适当多些。

资源的收集工作必须有专人负责，并详细记载资源名称、收集地点和日期，收集人名称，苗木繁殖年月等项。给每种材料都标上标签，注明品种名称、征集地点和日期。

（一）当地种质资源的收集

当地的优良品种或品系，对当地的自然条件有很大的适应性，并有一些突出优点（如抗性或耐性强等），这类资源较好收集，往往不存在鉴定或生态适应性等问题，只要采用适当的材料（夏芽、带根的压条、插条、萌蘖休眠接穗等无性系或种子）就地保存即可。但在收集时应根据种质库的容量等条件选择有代表性的种质进行收集。

（二）野生种质资源的收集

为了获取一个属内全部的有利基因，必须收集这个属内每个种的野生植物的单株，这些植株往往不能直接食用，但具有许多栽培品种缺乏的抗病、抗虫、抗旱、抗涝、抗寒等抗性遗传基因，多数可作砧木或作为具有潜在利用价值的种质进行收集。

这类种质资源的收集时间以花期或果实成熟期为宜，因为此期能对种质资源的花的类型、开花结果习性、果实经济性状等进行鉴定或收集标本。

收集这种种质时，应注意某些特定性状，特别是经济性状和抗性。如早熟、矮化习性、抗病虫害性能以及耐不同土壤条件、耐寒及耐热能力等。收集区域应注重种类丰富的遗传多样性中心和经常出现某些特异性状的地区，并尽量收集地理分布、生态分布比较广泛的野生群体，特别是在恶劣的气候条件下依然生存的植株。

（三）外地种质资源的收集

科学地引进外地种质资源，可以丰富本地的资源，是收集园艺作物种质资源的一条重要途径。这类种质资源的收集比较复杂，收集时要进行调查与生态对比分析，然后再确定是引入种子还是无性繁殖体。一般来讲，驯化引种必须收集种子，简单引种可引进接穗或无性繁殖材料。总体上讲，同一生态地区、不同产地的品种或种在气候适应性上具有较多的共性，相互进行种质收集比在不同生态型地区间进行收集的可能性大。收集后的外地种质要进行中间繁殖，多点实验，再进行大规模推广。对生态适应性以外的种质收集，宜采用种子（大量）多代连续驯化和逐代迁移驯化进行逐步收集。

自20世纪70年代起，我国已从40余个国家（地区）引入14科48属72种（包括变种）11 410份蔬菜种质资源，28科36属131种1 680份果树种质资源。

（四）征集和考察收集

植物种质资源的征集，一般是指国内通过国家行政部门或农业科研单位，向全国或某地区、某单位发公文或公函，由当地人员组织收集种质资源，并送往主持单位。这是计划经济体制下的种质资源收集方式。如1955年农业部发出"从速调查收集农家品种，整理祖国农业遗产"的通知，收集到近50种大田作物的约20万份品种。通过行政手段实施的征集工作在我国植物种质资源工作中具有深远的历史意义，使我国在短时期内把分散于全国各地的植物种质资源收集起来，并陆续入库（圃）保存。征集而保留下来的种质材料数量约占全国现有资源的一半。

每一次植物种质资源考察工作，必然伴随着种质资源的收集，这也是目前收集和积累园艺作物种质资源的主要方式之一。我国分别在20世纪50年代、80年代开展了大规模种质资源考察活动，收集到不少园艺作物种质资源。随着种质资源工作的发展，园艺作物种质资源收集应针对一些重点地区及特定种类进行，跨国界收集活动、国际间种质资源考察收集也应适时进行。

第三节　园艺作物种质资源的保存

一、种质资源保存概况

20世纪，植物种质资源流失问题十分严重。种质的流失，轻者使资源减少，重者甚至使一种物种消失。人口的急剧增加，土地、水、能源等资源的日趋减少，与受自然力、生物因素和人类活动影响而引起的种质资源减少、种质流失之间的矛盾越来越突出。优良品种以空前的规模和速度推广，加速导致了大量地方品种被淘汰。而环境污染、气候变劣、生态恶化及病虫危害加剧等不利因素对园艺作物高产、稳产的潜在危害和甚至是毁灭性打击的可能性也越来越大。从20世纪60年代起，避免或减少种质流失，保护和保存种质资源已成国际性共识，种质资源的保存和研究工作亦已开始并逐渐得到加强。从20世纪70年代末起，世界范围内种质库或基因库（Gene bank）的库容大大增加。1974—1984年期间，国际植物遗传委员会（International Board for Plant Genetic Resource，IBPGR）从全世界90多个国家收集了约121 000份种质。美国农业部国家种子贮藏库(USDA,National Seed Storage Lab)1976年收集到91 000份种质,到1986年,已收集到包括370属1 960种的204 000份种质。中国目前已创建了世界上唯一的长期库、复份库、中期库相配套的完整的种质资源保存体系,建立了确保入库种质遗传完整性的综合技术体系,长期安全保存作物种质资源180种38万份。

无性繁殖的和多年生栽培植物的种质材料以及一些作物的野生种和野生近缘植物主要在种质圃中保存,全世界拥有的植物种质资源8.7%是以种质圃的形式保存的。美国、欧洲、日本等国家及一些国际农业研究中心、亚洲蔬菜研究和培育中心都很重视种质圃的建设,表4-1是美国计划建设的12个果树营养系种质库中已建成的9个及其保存种类和份数。

表4-1 美国已建成的9个果树营养系种质库

地点	保存的果树种类	份数
Brownood,Texas	薄壳山核桃、栗属	181份
Corvallis,Texas	榛、梨属及其近缘种、草莓、树莓、穗醋栗、越橘等	4 700多份,其中梨属及其近缘种达1 900多份
Davis,California	核果类、核桃、葡萄、柿、猕猴桃、阿月浑子、石榴属等	3 780份
Geneva,New York	苹果属、葡萄属	3 550份
Hilo,Hawaii	凤梨、石番莲属、番木瓜、番石榴属等13个属	近500份
Miami,Florida/Mayaguez,P.R.	枣属、咖啡属、杧果、芭蕉属等	7 296份
Orlando,Florida	柑橘类	406份
Riverside, California Brawley, California	柑橘类、海枣属	942份
Washington,D.C.	大量的木本观赏类	

我国种质圃的建设从20世纪80年代开始。"七五"期间,通过国家科技攻关,又新建种质圃9个,用于保存野生稻、甘薯、水生蔬菜、花生、茶、桑、苎麻、牧草等的种质材料。"八五"期间通过国家科技攻关项目补建了开元甘蔗圃,并正式批准沈阳农业大学山楂资源圃为国家种质圃。到1995年底,国家种质圃已入圃保存的作物种质资源50多种(类)、共约4万份材料,分属于1 026个种(含亚种)。其中16个国家果树种质圃保存果树种质资源11 536份。武汉国家水生蔬菜种质圃保存

水生蔬菜种质资源 1 339 份(表 4-2)。台湾植物遗传资源中心拥有 7 个位于不同海拔高度的田间基因库,用于保存无性繁殖材料。截至 1996 年 9 月该中心各类保存设施共贮藏了 287 694 份材料。

表 4-2　中国园艺作物国家种质资源圃

种质圃名称	地点	圃地/hm^2	保存种质及数量/份	保存单位
兴城梨、苹果圃	辽宁兴城	21.1	梨 731、苹果 766	中国农业科学院果树所
郑州葡萄、桃圃	河南郑州	8.7	葡萄 960、桃 510	中国农业科学院郑州果树所
重庆柑橘圃	重庆北碚	14.0	柑橘 1190	中国农业科学院柑橘所
泰安核桃、板栗圃	山东泰安	4.9	核桃 97、板栗 90	山东省农业科学院果树所
南京桃、草莓圃	江苏南京	4.1	桃 454、草莓 150	江苏省农业科学院园艺所
北京桃、草莓圃	北京海淀	2.1	桃 240、草莓 210	北京农业科学院林果所
新疆名特果树及砧木圃	新疆轮台	7.2	名特果树 198	新疆农业科学院园艺所
云南特有果树及砧木圃	云南昆明	18.0	名特果树 402	云南省农业科学院园艺所
眉县柿圃	陕西眉县	3.4	柿 769	陕西省农业科学院果树所
太谷枣、葡萄圃	山西太谷	7.5	枣 404、葡萄 373	山西省农业科学院园艺所
武汉沙梨圃	湖北武汉	3.3	沙梨 435	湖北省农业科学院果茶所
公主岭寒地果树圃	吉林公主岭	6.9	坚果 655	吉林省农业科学院果树所
广州荔枝、香蕉圃	广东广州	6.8	荔枝 89、香蕉和芭蕉 170	广东省农业科学院果树所
福州龙眼、枇杷圃	福建福州	4.4	龙眼 218、枇杷 225	福建省农业科学院果树所
熊岳李、杏圃	辽宁熊岳	9.5	李 432、杏 466	辽宁省农业科学院果树所
沈阳山楂圃	辽宁沈阳	1.7	山楂 150	沈阳农业大学园艺系
武汉水生蔬菜圃	湖北武汉		莲藕 456、茭白 159、菱 90、慈姑 84、荸荠 71、芋头 235、豆瓣菜 5、莼菜 4、蒲菜 31、芡 4、蕹菜 76、水芹 124	湖北省武汉市蔬菜所

二、园艺作物种质资源的保存范围

一般而言,园艺作物种质资源圃或种质库的建立需符合两个条件:一是保证种质资源不受病虫害和不利环境的影响,资源圃或种质库所在地的环境条件适于种质的生存、生长和结果;二是资源圃或种质库应设在或靠近研究中心或教育机构,这些机构在种质资源收集、保存和研究方面已有一定的基础，以便于进行植物学、形态学、分类学、细胞遗传学等方面的深入研究。

园艺作物资源圃或种质库设立后，保存的园艺作物资源的范围应包括以下几个方面：

①国内外栽培品种中的新、老品种和地方品种，尤其是地方品种中有许多行将淘汰的"濒危品种"亟待抢救保存。

②栽培品种的野生近缘种。

③对育种工作有特殊价值的种、变种、品种、品系以及杂种，或具有特定用途，如作为砧木、中间砧、病毒病害的指示植物等的野生植物和栽培品种。

④尚未很好改良和利用，但有潜在利用价值的野生种、变种、品系。

总之，保存的种质应符合：ⓐ具有价值基因的种质；ⓑ具有充分的遗传差异的种质；ⓒ易被需要种质的工作者应用利用的种质。

三、园艺作物种质资源保存的方式

(一)就地保存

就地保存是指在种质资源原来所处的自然生态环境中采取措施，来加以保护和保存种质资源的方式。

就地保存的方法有：建立各级自然保护区，人为圈护栽培资源的珍贵古株和稀有良株等。

就地保存的优点是：可以使种质资源在适宜的自然生态条件下生存进化，有利于保持种质的稳定和延续；所用成本较低、保存个体较多；有利于研究其起源、演化、生态条件等。

就地保存的缺点是：种质资源所处环境往往偏僻，不易管理和调查，占地较大，若遇火灾、地震、水灾或火山爆发等自然灾害，易遭毁灭，引起种质流失。

(二)迁地保存

迁地保存是指把种质资源从其原产地或次生地整株迁离，移栽到种质资源圃、品种圃或原始材料圃等圃地来加以保护和保存的方式。

迁地保存的方法有：建立种质资源圃、种质库、原始材料圃、品种园、母本园等具一定面积和规模的栽植保存种质资源的圃地。

迁地保存的优点是：可以集中保存较多数量的种质资源；采用良好的栽培措施；便于对保存的种质资源进行系统观察、评价鉴定；直接为育种和生产提供所需种质材料。

迁地保存的缺点是：不易管理、投资较大、成本较高；占地较大，易遭受自然灾害侵袭而致种质流失；单一种类或品种的保存植株数量受限。

需要注意的是，在种质原始材料圃内，栽培品种、杂交种（或人工创造的种）、野生种应分区栽植保存，以便观察；要适时进行管理，保证植株正常生长结果；野生（果树）植株一般不修剪。

（三）离体保存

离体保存是指在适宜条件下，利用种子、花粉、分生组织、根和茎等组织或器官来保存种质资源的方法。

离体保存的方法有种子保存、花粉保存、营养体保存、分生组织保存等。

离体保存的优点是：保存种质数量多，易于管理和妥善保存，节约土地和劳力，避免不良条件的影响，可以保存无毒种质等。

离体保存的缺点是：要有特需的设备，受过训练的技术人员，经常保持种质活力的技术，尤须注意的是保存种质中可能含有不正常细胞及保存期潜在的发生形态变异或遗传变异的可能。

四、园艺作物种质资源保存的方法

（一）栽植保存

栽植保存是指将整个植株在原地（就地保存）或迁移栽植到一定的圃地（迁地保存）种植保存的方法。

对经济类作物，特别是园艺作物中果树、茶、水生蔬菜、木本花卉等，栽植保存是目前最常用、最可靠的保存种质资源的方法。栽植保存的资源一经定植，就应结合当地具体条件进行管理，尽可能满足不同种类和品种生长发育的要求，以使资源植物良好生长，充分表现其本身性状和特性。但由于占地大、投资高、工作繁重，该法不是最理想的方法。

用栽植保存方法保存的种质资源的数量依种类和品种而定。一般而言，乔木性园艺作物，每一品种栽植保存 3～5 株；灌木和藤本性园艺作物，每一品种栽植保存 6～8 株；草本类园艺作物，每一品种栽植保存 20～25 株。珍贵资源应适当增加株数。

（二）种子保存

种子保存是指在适宜条件下，用园艺作物种子作为保存其种质的材料的方法。

种子保存简便易行，经济实用。低温种子库是栽培作物种质资源保存的主要方式，全世界拥有的作物种质资源 96％以上是以种子形式保存的。园艺作物中，大部分蔬菜、一些花卉等种质资源的保存采用种子低温保存的方法进行保存；但对绝大多数果树、茶而言，由于以下几方面的原因，导致其目前都不用种子保存：①大多数栽培果树用种子繁殖，其后代变异性很大，不能保持种质稳定性；②保存种子的条件是降低种子含水量，而后在低温下贮存。大多数作物种子的含水量可降低至6%～8%，而很多果树的种子含水量须保持在12%～31%以上才能维持活性。

以种子保存的种质资源，入库及保存过程一般包括：①种子入库前的生活力检测。种子入库前发芽率要求在90%以上。②编号及外观质量检测。对入库种子按有关要求进行分类编号，在编库号的过程中逐份核对种子性状，包括粒色、粒形、大小、饱满度、整齐度、有无表面附属物、有无特殊气味等。③拟入库种子应把含水量降到5%～7%之间，少数种类（如豆类）含水量需在7%以上。④包装及保存。种子包装尽可能在3 h内完成。对入库种子样品量的要求，我国国家库是：小粒种子（千粒重<5 g）50 g；中粒种子（千粒重20～100 g）6 000粒；大粒种子（千粒重100～400 g）2 500粒；个别特大粒种子（千粒重>1 000 g）1 000粒。⑤种子生活力监测与繁殖更新。种子在贮藏过程中生活力会下降，甚至会逐渐衰老死亡，生活力下降的速度在物种间和品种间差异很大；入库种子几乎全部干燥到同一含水量标准，也会引起部分种子生活力下降；繁殖地和种子起始发芽率也影响库存种子的生活力。因此，应定期进行低温库贮藏种子生活力的监测（包括发芽试验、生活力测定等）。对于大多数作物种类和品种，当种子生活力降到85%以下或者某一样本中种子数低于完成繁殖该物种3次所需的种子量时，就要进行繁殖。一般来说，低温种质库保存的种子在2年内生活力不会有很大的下降。因此，繁殖更新可以分年度逐批进行。

（三）花粉保存

花粉保存是指在适宜条件下，以园艺作物的花粉作为保存其种质的材料来加以保存的方法。

花粉保存经济、简便，尤其在园艺作物品种改良方面有特殊意义。但花粉贮存的年限较短；此外，花粉为单倍性的单细胞，在保存过程中有遗传变异的潜在可能；而且，目前还存在将花粉重组为原来二倍体植株等技术难题。

（四）营养体保存

营养体保存是指在一定条件（如低温保湿、液态冷冻）下，有选择地保存经过鉴定、保持遗传完整性园艺作物材料的方法。如休眠期果树枝条或插穗在低温保湿条件下的短期贮藏，长期（至少10年）保存园艺作物营养体的园艺作物营养系库等。

营养体保存或营养系库是园艺作物、特别是果树种质资源保存的理想方法，经济简便，保存的种质具有个体的全部遗传特性。但因为技术的原因，该法目前尚未达到实用阶段。

(五)分生组织保存

分生组织保存是应用组织培养技术，对园艺作物的分生组织进行繁殖保存，以保存园艺作物种质资源的方法。

分生组织保存具有占用空间少、保存份数多、维持费用低、繁殖速度快、可育无病毒材料、繁殖材料能表现出原品种或种质的遗传特性等优点，是理想的保存园艺作物，尤其是无性繁殖的大部分果树、薯芋类蔬菜、葱蒜类蔬菜、部分水生蔬菜和多年生蔬菜、球根花卉和茶种质资源的方法。但目前仍有一些技术问题尚需解决，且用分生组织培养是否发生遗传变异的问题也应深入研究解决。

(六)其他保存方法

对有些作物种类(的器官)，或随着技术的进步，还在发展一些特殊的保存方法，例如，①顽拗型种子保存。顽拗型种子又称为含水量变化的种子，生理成熟时含水量为50%～70%，脱离母株后含水量仍保持相当高，具有不耐干燥、不耐低温、寿命短暂等特点。顽拗型种子的保存方法目前探索研究的有胚贮藏法、保持含水量贮藏法等。②超干燥贮藏保存。有悖于常规概念，英国雷丁大学的研究表明，有些植物的种子，当含水量降至2%～3%时，可以大大延长其贮藏寿命。如白菜、芸薹属植物、向日葵、亚麻、花生、芝麻、油菜、松树等植物的种子。据统计，至少有10个科植物的种子可进行超干燥贮存。但超干燥技术投入实际应用还有许多技术问题需要研究解决。③超低温保存。从20世纪70年代起，超低温技术已成功应用于许多粮食作物、蔬菜、果树、观赏植物和药用植物种子、花粉、试管苗等种质材料的保存。④建立植物DNA库。种子植物和非种子植物的种质资源均可采用DNA库保存。种子植物主要收集保存难以收集到种子的材料、虽可收集到种子但难以繁育更新的材料、不能检测种子活力的材料、顽拗型种子植物、珍稀濒危植物、核心样品材料、基因工程的中间材料等基因材料。

五、核心种质的建立

核心种质是指最小量的样品、最少的重复，却代表了一个作物及其野生近缘植物最大的遗传多样性。核心种质的建立，能够有效地提高目的性和育种效率，减少种质资源保存、评价、鉴定及利用的困难和压力，降低资源保存及育种工作成本等。

建立核心种质的程序一般包括：首先收集种质库(圃)中资源的基础资料、评价和鉴定资料以及生物化学研究资料等；其次，把具有相似性状的样品归为一类后，再依据分类学、地理起源、生态起源、遗传标记和农艺性状等逐级分组，直到同一组内种质材料比组间差距小为止；而后，从每组中选取固定比例的样品数或根据组内群体大小对数比例来抽取确定每组选择的数量和对象；最后，确定核心种质，并鉴定它们是来自不同组的代表。

（撰写人　王忆　韩振海）

第五章 园艺作物种质资源的评价、研究和利用

在收集、保存园艺作物种质资源的同时，必须进行种质资源的登录、记载、评价并对此进行研究。在对种质评价、研究清楚其性状特征、尤其是遗传规律的基础上，才能充分利用该种质资源；并使种质的保存更高效，更具目的性。

第一节 园艺作物种质资源的鉴定、评价和研究

一、鉴定评价的原则

调查、收集和保存种质资源，既为鉴定、评价和研究提供了方便材料，也是收集和保存种质资源的前期目标。总的来说，对种质资源进行鉴定、评价和研究要遵循以下几点原则：

(一)取样的代表性

一般应选取生长健壮、发育正常的植株或者组织器官进行鉴定和研究，否则，评价的依据和准确性会受到很大的影响，此外，取样的数量应在误差规定的范围内尽可能少。

(二)取样的典型性

根据鉴定、评价和研究的目的，选取形态、发育和表现正常且具典型的植株或组织器官，以提高鉴定、评价和研究的易行性和准确性。

(三)尽量减少环境误差

要使鉴定、评价和研究的种质资源处于同样或类似(于原产地)的环境条件，从而使其性状充分表现，消除或减少因环境而导致的误差。

(四)正确分析性状间的关系

园艺作物是一个有机整体，性状往往受内外环境的影响。因此，在对种质资源进行鉴定、评价和研究时，要对性状及性状间的相互关系做出正确的判断，使鉴定、研究结果可靠，评价准确。

(五)先进技术和多种方法的综合应用

鉴于园艺作物作为生物体的复杂性及各种实验方法和技术都有其局限或缺陷，在常规鉴定、评价和研究种质资源的同时，还应该应用先进的技术，使鉴定工作更加简便、可靠，评价更准确、迅捷。分子生物学是20世纪50年代以后发展最快的学科，其技术也已广泛地应用于园艺作物种质资源的评价和研究，如种质资源的多样性分析、种质资源的鉴别、系谱分析、遗传图谱构建、基因定位等。

二、园艺作物种质资源的性状鉴定、评价和研究

(一)园艺作物种质资源的植物学性状鉴定、评价和研究

尽管植物学性状包括与经济价值有关(如果实外观形状)或不直接相关(如叶形、树皮状态)的众多性状，但对园艺作物的植物学性状进行评价和研究的目的主要是分类的需要。当然，在进行植物学性状的鉴定、评价和研究时，也应该将与经济价值直接有关的性状作为主要和重点鉴定、评价和研究的对象。

(二)园艺作物种质资源的农业性状的鉴定、评价和研究

园艺作物种质资源的农业性状是指与农业生产和栽培活动有关的、直接涉及或影响园艺作物生命活动和经济价值的生物学性状。鉴定、评价和研究园艺作物种质资源的农业性状，既是收集、保存园艺作物种质资源的主要目的，又是利用园艺作物种质资源的基础，同时也是园艺作物种质资源学的主要内容。

1. 园艺作物种质资源的物候学

园艺作物表现出的性状是其遗传特性决定并受环境影响的综合效应；物候学是一个典型的综合性状。了解种质资源的物候期，是种质资源鉴定、评价和研究的重要内容，也是农业生产上采取栽培管理措施及利用种质资源的基础。

进行物候学鉴定、评价和研究，包括两个大的方面。一方面是在年复一年的园艺作物生活史中，园艺作物在一年四季中随季节变化的规律，如生长期和休眠期；另一方面即园艺作物的某一性状在年份中表现的具体日期，如绽叶期、花期、果实成熟期和采收期、落叶期等。

2. 园艺作物种质资源的产量性状

对园艺作物种质资源进行产量性状的鉴定、评价和研究，是种质资源学及利用种质资源的主要内容，也是种质资源农业性状的基础和根本所在。产量性状鉴定的内容包括产量构成因素、早期产量、总产量、稳定性以及产量形成和持续的经济寿命等。

3. 园艺作物种质资源的品质性状

品质和产量是园艺作物农业经济性状构成的主体，是现代农业的主要内容之

一，也是园艺作物种质资源鉴定、评价和研究以及利用的依据和根本。园艺作物种质资源的品质性状包含产品外观品质、鲜食品质、加工品质（制罐、干、脯、汁、酒、浆、醋等）、营养品质、储运品质及烹食品质等。

4. 园艺作物种质资源的抗逆性和适应性

如前所述，农艺的文明程度使得包括园艺作物在内的作物产量和品质大幅度提高，同时使其遗传一致性和基因范围的狭窄程度越来越高，并导致种质的大量流失，尤其是抗性和适应性强的种质。和其他作物一样，收集、保存园艺作物种质资源，并进行园艺作物种质资源的鉴定、评价和研究，其主要内容和主要目的之一就是丰富种质抗性和适应性的多样性，为利用种质资源、服务于生活在多变而渐劣环境中的人类奠定基础。抗逆性和适应性包括抗寒性、抗旱性、抗涝性、抗盐性、抗病性、抗虫性、越冬性、耐热性、耐营养贫瘠性、耐湿性及耐（大气、地下水等）污染毒害性等。

5. 园艺作物种质资源的其他农业性状

鉴于园艺作物的特殊性，还有一些农业性状虽与经济价值不直接相关，但在鉴定、评价和研究时应引起高度重视，如根系的固地性、采用嫁接繁殖时的亲和性、果树砧木或品种适于何种繁殖方式及其易繁性、砧木的矮化性或品种的紧凑性或短枝型性状等。

第二节　园艺作物种质资源的利用

调查、收集、保存、鉴定研究、评价园艺作物种质资源，最终目的是为园艺作物育种和生产提供可利用种质，并保持生物的多样性。

从利用方式看，园艺作物种质资源的利用分为直接利用和间接利用。

一、园艺作物种质资源的直接利用

通过对种质材料的调查、收集、保存、鉴定研究、评价，了解种质材料，并从中筛选出具有优良性状的种质，而直接用于生产或观赏。

直接用于生产的种质，其一是具有高产、优质、多抗或器官具有优良加工性能的地方品种或优良株系，经鉴定、研究和评价后，直接推广应用于生产；其二是具有风土适应性强或矮化等性状，且与优良栽培品种的嫁接亲和力强的野生种、近缘野生种或半栽培种，经鉴定、评价和研究后，可直接作为砧木应用于生产。

有些园艺作物资源，虽无生产和经济的栽培价值，但其形态、叶、花、果等极具观赏价值。经鉴定、评价和研究后，也可直接用于公园、庭院或行道树栽植，美化环境，供人观赏。

二、园艺作物种质资源的间接利用

收集、保存的种质资源，经鉴定、研究和评价，并了解该种质的性状后，发现该种质不能直接作为砧木或品种用于生产（观赏），但其所具有的某些优良性状或利用价值的基因，使其可以作为育种工作的亲本或诸如生物工程中目的基因源而加以利用，从而为生产上提供优良的品种。

（撰写人　韩振海　王忆　王倩）

第六章　园艺作物种质资源学的进展和动态

随着科学技术的进步以及全球生物多样性保护越来越受到重视，作物种质资源学也越系统、科学，取得了丰硕的成果。从过去简单为生产提供优良品种（砧木），发展到主要为现代育种目标提供优异的种质基因，拓宽现代生物技术和遗传工程研究领域，提高育种效率，选育更多优良的高产、优质、多抗的新品种，从而加速对种质资源的利用。园艺作物种质资源的研究也呈现出从栽培品种扩展到野生、半野生和近缘野生种，从种质的园艺性状描述深入到主要性状鉴定评价，从田间的宏观观察延伸到实验室的微观研究等特点和趋势。

相对于现代农业技术的快速发展和基因组时代的来临，我国的园艺作物种质资源大多仍属于未经“加工”的本土资源，由于研究水平较低，多数种质资源达不到育种可利用的程度；而且缺乏具有自主知识产权和国际竞争力的“骨干”基因或种质；加之育种材料遗传背景匮乏，栽培品种面对多变的环境，其脆弱性越来越明显。因此，园艺作物种质资源的研究利用与育种和生产的需求仍存在很大差距，园艺作物种质资源学研究工作“任重道远”。

第一节　园艺作物种质资源学存在的主要问题

一、园艺作物种质资源流失的风险仍然存在

造成种质资源流失的自然、生物、人类活动等 3 大因素的危害性目前仍很严重，特别是在“园林之母”的我国更有越演越烈之势。其原因有：①由于新品种应用和栽培技术的提高，使大量地方品种特别是农家品种遭到淘汰；②因为土地用途改变、大型水利与交通工程建设、城市扩展以及人类的过度采挖等，野生种质资源总量下降，许多植物种群减少，尤其是一些特殊的且具有重要经济价值的园艺植物野生近缘种生境遭受破坏，面积缩小或消失；③在对外合作交流中，因保护意识不强和管理不力，造成种质资源的大量流失；④种质资源研究队伍的不稳定和资金的严重不足，使园艺作物种质资源的收集、保存和研究工作进展缓慢；⑤急功近利的思想或政策上的失误，使园艺作物栽培生产忽冷忽热，造成种质的流失；⑥由于园艺

作物种质资源保存方式的不完善，在一定程度上加速了园艺作物种质的流失；⑦相对多发、频繁的自然灾害，无疑也使一些园艺作物种质资源特别是原生境资源流失或灭绝。

二、园艺作物种质资源的调查收集及鉴定评价工作相对薄弱

就世界范围看，对园艺作物、尤其是野生种质资源的考察和收集仍是种质资源工作中相对薄弱的环节，世界各国都存在着园艺作物种质资源种类、数量、分布等“本底不清”的问题。

国际植物遗传资源研究所（IPGRI）已制定了多种园艺作物种类的描述符，理论上为种质资源的描述、研究和评价提供了国际性的共同语言；包括我国在内的一些国家，也分别对一些园艺作物制定了观测标准和评价系统，有针对性、阶段性地指导了种质资源研究工作。但实际应用上，各国及各地区间在园艺作物种质资源调查、收集、整理、保存、鉴定、研究、评价和利用等方面科学性和规范性较差，园艺作物种质资源遗传多样性的系统评价和分类研究明显不够，严重影响了对园艺作物种质资源的有效利用。

三、园艺作物种质资源工作的全球协同性尚需加强

虽然全球对生物多样性的保护和种质资源的重视程度已日渐加深，但从国家范围考虑，各国开展种质资源学工作的程度仍然参差不齐，全球范围内国家和地区之间的协同性较差，特别是在园艺作物种质资源学工作中，这个问题尤其突出。主要原因是：①尚未建立园艺作物种质资源信息网络系统；②没有编制出系统完整的种质资源（特别是濒危种质资源、特异种质资源）目录等参考资料；③缺乏可以共享的各种遗传研究工具和材料，导致保存、研究上重复性和遗漏性并存。

四、园艺作物种质资源研究利用的整体落后性

虽然园艺作物种质资源的重要性越来越被人们所认识，但一方面，园艺作物本身具有遗传上高度杂合、生命周期相对长、单株占地面积大等特点，使得其种质资源学研究工作的难度远远大于其他农作物；另一方面，作为应用科学的园艺学，其在引用、借鉴基础科学理论和实验技术等方面的基础性研究相对薄弱，从而造成在调查、收集、整理、分类、保存、研究、鉴定、评价和利用种质资源等诸领域的整体落后性。

第二节 园艺作物种质资源学的进展和发展动态

一、重视和加强园艺作物种质资源的收集和保存

随着信息传播途径的增多、速度的加快，对园艺作物种质资源的收集、引进和保存已成为世界范围内的一项长期而艰巨的任务。目前，各国政府以及各个研究机构都加大了对园艺作物种质资源的收集和保存力度，尤其是对野生种和近缘野生植物以及一些特殊生态区园艺作物种质资源的收集和保存。

对收集的园艺作物种质资源如何进行妥善的保存（特别是对保存方法的研究），一直以来都是园艺作物种质资源学研究的重点内容之一。目前，除了圃地保存外，在花粉贮藏法、接穗冷藏法、组织培养保藏法、组织低温保藏法等离体保存技术方面也取得了重大突破，这些方法不仅省时省工、占地面积小，而且还具有保存数量多、保存时间长和安全可靠等优点。另外，还通过积极建立野生近缘植物原生境保护区，形成符合自身优势的种质资源保育和利用体系，从根本上加强对野生和濒危种质资源的保存和利用（张加延，2004）。同时，分子生物学技术应用在对核心种质的研究保存方面，可有效地克服和缓解庞大的资源规模所带来的相应困难和压力，极大地方便了对种质资源的保存、评价和创新利用（贾继增，张启发，2001）。

二、构建和完善种质资源共享平台，加快种质资源全球协同性发展

随着果树、蔬菜、观赏植物、茶在内的园艺作物种质库的库容量不断加大，加强种质资源的规范化整理和鉴定评价，提高种质资源及其相关信息的有效性，保障种质资源的安全性，建立和完善种质资源共享平台已成当务之急。园艺作物种质资源共享平台的建立和完善，既可加强各个国家和地区间种质资源信息与材料的交流和交换，提高世界范围内种质资源的调查、收集、整理、保存、鉴定、研究、评价和利用的工作效率，也为园艺作物种质资源学的全球协同性发展奠定了基础。目前，各国都不同程度地建立了园艺作物种质资源的计算机管理系统和网络系统。以果树为例，我国果树资源信息是由中国农业科学院品种资源研究所保存和编目的，已收集了包括苹果、梨、桃、葡萄、草莓、山楂、李、杏、核桃、栗、柿、枣等在内的 19 个果树树种的各种性状数据资料 8 万余项（贾定贤，2007），为园艺作物种质资源信息的交流和交换提供了良好的共享服务平台。

三、先进实验技术和手段的系统、全面应用

现代先进的科学技术和实验手段正以前所未有的速度渗入到园艺作物种质资源学的各个方面，使园艺作物种质资源学进入多学科理论交叉、多种技术和手段综合应用的阶段。

在园艺作物种质资源分类研究方面，除了以传统的植物学特征为基础外，30多年来，已逐步发展到了实验阶段，尤其是近些年来分子生物学技术的迅速进步，园艺作物种质资源的分类将朝着多元化（分类方法的多样化）、系统化（对种质资源进行系统的整理和分类）、综合化（各种分类方法相互配合，对种质资源进行综合分析）和现代化（应用先进的科学技术手段）的方向发展。

在园艺作物种质资源的鉴定、评价和研究等方面，包括细胞遗传学、酶学、生物化学、信息技术、分子生物学等现代科学技术理论和实验手段的应用已日趋成熟。需强调指出的是，今后相当长的一段时期，园艺作物种质资源利用除了常规的直接利用（如芽变选种、实生选种等）和间接利用（如杂交育种、诱变育种、倍性育种等）外，生物技术将显示其巨大的优越性。譬如，在构建主要园艺作物核心种质方面，结合植物学性状和分子生物学研究结果，迅速构建一批重点、重要、原产、特产的园艺作物初级核心种质和二级核心种质；通过对核心种质的遗传多样性分析，全面掌握主要园艺作物种质资源的遗传背景，明确其遗传多样性的分布规律及特点。基于基因组学和功能基因组学技术开展原创性研究，从已有自然变异中发现新的抗病虫、抗逆境和优质的基因，加速种质创新进程，创制优异性状突出或优异性状聚合的、可利用程度不同的中间种质或优异种质。

综上所述，园艺作物种质资源学研究已经取得了巨大的进展和成就，但是存在的问题依然突出。如何从根本上做好园艺作物种质资源的保护、研究和利用工作，最大限度地发挥园艺作物种质资源的利用潜力，不仅要以"广泛收集、妥善保存、综合评价、深入研究、积极创新、充分利用"为基本方针，而且还要做好分工协作，重视国际交流，逐步完善园艺作物种质资源研究工作体系。

（撰写人　韩振海　王忆）

参考文献

曹家树，秦岭. 园艺植物种质资源学. 北京：中国农业出版社，2005.

韩振海，等. 落叶果树种质资源学. 北京：中国农业出版社，1994.

华中农业大学. 果树研究法. 北京：中国农业出版社，1979.

胡祖熊，邢相禹译. 全球 2000 年研究-进入二十一世纪的世界(给美国总统的报告). 北京：中国展望出版社，1987.

李育农. 苹果属植物种质资源的研究. 北京：中国农业出版社，2001.

刘旭. 中国生物种质资源研究报告. 北京：科学出版社，2003.

马克平等译. 全球生物多样性策略. 北京：中国标准出版社，1993.

杨洪强，束怀瑞. 苹果根系研究. 北京：科学出版社，2007.

余德浚. 中国果树分类学. 北京：中国农业出版社，1979.

中国大百科全书总编辑委员会农业编辑委员会. 中国大百科全书・农业Ⅰ. 北京：中国大百科全书出版社，1990.

中国农业百科全书总编辑委员会果树卷编辑委员会. 中国农业百科全书・果树卷. 北京：农业出版社，1993.

[日] 星川清亲著，段传德，丁法元译. 栽培植物的起源与传播. 河南科学技术出版社，1981.

Fittzgerald, P. J. Genetic considerations in the collection and maintenance of germplasm. HortSci., 1981, 23(1).

Moore, J. N. Fruit germplasm preservation and management: Synopsis of the Symposium. HortSci., 1988, 23(1).

Moore, J. N. and J. R. Ballington, Jr. Genetic resources of temperate fruit and nut crops. Acta Horticulturae, 1990, part II.

Roach, F. A. History and evolution of crops. HortSci., 1988, 23(1).

Roos, E. E. Genetic changes in a collection over time. HortSci., 1988, 23(1).

Wehner, T. C. Genetic consideration in germplasm collection and maintenance: A summary. HortSci., 1988, 23(1).

[illegible]
[illegible] 北京：中国农业出版社，200[illegible]
[illegible]
[illegible]
[illegible]
[illegible] 中国大百科全书出版社，[illegible]
[illegible]
[illegible]

Frankel O. H. Genetic considerations in the collection and maintenance of germplasm. Hortscience, 1981, [illegible]

Moore J. N. Fruit germplasm preservation and management. Symposium of the [illegible] Hortscience, 1978, [illegible]

Moore J. N. and J. R. Ballington. [illegible] Acta Hort. [illegible] 1990, part II.

[illegible] History and evolution of crops. Hortscience, [illegible]

[illegible] germplasm collecting [illegible] Hortscience, 1989, [illegible]

[illegible] consideration in germplasm collection and maintenance. [illegible] 1988, [illegible]

下 篇

园艺作物种质资源学各论

第七章　果树种质资源学

第一节　果树的分类

一、果树分类的重要性

果树种质资源种类繁多，日本田中长三郎博士在其《果树分类学》中，以种为基本单位，认为全世界所有的果树种类（包括原生种和栽培种，也包括砧木和野生果树）多达 2 792 种（另有 110 个变种），分属于 134 科，659 属；俞德浚先生在《中国果树分类学》中初步统计，中国的果树种类分属 59 科 158 属 670 余种。因此，无论从保存和研究、还是从生产和消费的角度，都需要我们对各种果树种质资源的特性、特征、经济性状有一明确了解，以便统一命名、分类，即所谓的果树的分类。科学地进行分类，可以使果树工作者正确地认识和区别种质资源，反映资源的历史渊源和亲缘关系，为调查、保存、研究、评价和利用落叶果树种质资源提供依据。

在此对果树的命名原则也略作介绍，根据国际植物命名法则对果树植物进行命名。法则主要原则为：①一种植物只能有一个合法的拉丁学名。②拉丁学名采用双名制，即一个属名和一个种名。属名在前，种名在后。③属名用名词，首字大写。种名用形容词，首字小写。④植物的全部种名包括命名者的姓氏，放在种名之后，首字大写。⑤合法的学名必须附有正式发表的拉丁文描述。⑥若一种植物已有两种或者更多的学名时，只有最早且不违背命名法则的为合法名称。

二、果树的分类方法

果树分类的方法很多，包括植物学分类、园艺学分类等等，在此我们略作介绍。

（一）植物学分类

此分类方法对果树植物的系统发育、资源开发利用、砧木和授粉树的选择及品种改良等有重要的参考价值。

依据自然分类系统（或称系统发育分类，即界、门、纲、亚纲、科、属、种的梯级结构）将果树植物分类，如西府海棠按植物学分类表达为植物界、种子植物、被子植物、双子叶植物、蔷薇科、苹果属、西府海棠。

(二)园艺学分类

1.按叶生长期特性分类

(1)落叶果树(deciduous fruit tree):苹果、梨、桃、杏、柿、枣、核桃、葡萄、山楂、板栗、樱桃等。

(2)常绿果树(evergreen fruit tree):柑橘类、荔枝、龙眼、芒果、椰子、榴莲、菠萝、槟榔等。

2.按生态适应性分类

(1)寒带果树(cold-area fruit tree):一般能耐−40℃以下的低温,只能在高寒地区栽培,如榛、醋栗、穗醋栗、山葡萄、山定子、秋子梨等。

(2)温带果树(temperate-zone fruit tree):大多数是落叶果树,适宜在温带栽培,休眠期需要一定的低温。如苹果、梨、桃、杏、柿、枣、核桃等。

(3)亚热带果树(sub-tropical fruit tree):可分为落叶性亚热带果树(如扁桃、猕猴桃、花果、石榴等)和常绿性亚热带果树(如柑橘类、荔枝、杨梅、橄榄等)。

(4)热带果树(tropical fruit tree):适宜在热带地区栽培的常绿果树,如香蕉、菠萝、芒果、番木瓜(一般热带果树),又如面包果、山竹子、榴莲、腰果槟榔等(纯热带果树)。

3.按成长习性分类

(1)乔木果树(arbor fruit tree):具有高大而明显的主干,如苹果、梨、桃、杏、柿、荔枝、芒果、槟榔等。

(2)灌木果树(bush fruit tree):果树无明显的主干,如石榴、无花果、刺梨、沙棘等。

(3)藤本果树(liana fruit tree):这类果树的茎细、树体不能直立,常匍匐、攀援或缠绕在支持物上成长的,如葡萄、猕猴桃等。

(4)草本果树(herbaceous fruit tree):茎木质化程度低、木质化细胞少的多年生植物,如香蕉、菠萝、草莓等。

4.按果树栽培学的分类

生产上常常按落叶果树和常绿果树再结合果实的构造以及果树的栽培学特性分类。

(1)落叶果树

①仁果类果树:果实是假果,食用部分是肉质的花托发育而成的,果心中有多粒种子,如苹果、梨、山楂、木瓜等。

②核果类果树：果实是真果，有明显的外、中、内3层果皮，由子房发育而成，中果皮肉质是食用部分，内果皮木质化，成为坚硬的核。如桃、杏、李、樱桃等。

③坚果类果树：果实外部具有坚硬的外壳。如核桃、栗、银杏、榛子等。

④浆果类果树：果实果皮的3层区分不明显，果皮外面的几层细胞为薄壁细胞，其余部分均为肉质多汁，内含种子。如葡萄、猕猴桃、无花果等。

⑤柿枣类果树：包括柿、君迁子、枣、酸枣等。

(2)常绿果树

①柑果类果树：果实为柑果，如柚子、柠檬、黄皮、葡萄柚等。

②浆果类果树：果实多汁液，如番木瓜、杨桃、蒲桃、莲雾等。

③荔枝类果树：如荔枝、龙眼、韵子等。

④坚果类果树：如腰果、椰子、香榧、巴西坚果、山竹子、榴莲等。

⑤荚果类果树：如酸豆、角豆树、四棱豆等。

⑥聚复果类果树：多果聚合或心皮合成的复果，如番荔枝、面包果等。

⑦草本类果树：如香蕉、菠萝等。

⑧藤本类果树：如西番莲、南胡颓子等。

第二节　仁果类果树种质资源学

一、苹果属种质资源

苹果，英文名称 Apple，学名 *Malus* spp.（苹果属），在植物分类学上隶属于蔷薇科。苹果为多年生落叶乔木，是温带果树的代表树种。

苹果种质资源是具有一定的遗传物质，在苹果生产和育种上有利用价值植物（包括苹果属植物的种、品种、类型及其近缘属植物）的总称。

（一）起源

苹果属植物起源的确切时期尚未定论，其起源中心也因研究者的不同而异。从史前时代的瑞士湖栖人的遗迹中发现有炭化苹果，说明苹果可能起源于欧洲中部及亚洲西部两个原产地。德坎道尔在其《栽培植物考源》中认为，苹果为旧大陆原产、栽培历史在3 000年以上的落叶果树，其起源于欧洲东南部、西亚以至伊朗一带。瓦维洛夫则认为，苹果起源于中国、中亚、近东-小亚细亚。茹考夫斯基和寨文在其《栽培植物及其分化中心辞典》中指出，中国-日本、中亚细亚、西亚细亚、欧洲-西伯利亚及北美洲中心为苹果属植物的起源中心。1956年，俞德浚、阎振龙在其“中国苹果属植物”一文中认为，世界苹果属植物约有35种，原产我国的有23种。1990年，李育农指出，苹果属植物的原生种分布在世界上不同国家，不同地区形成该属植物起源的多基因中心；起源于中国的苹果属植物达到24种。综上可以看出，我国是苹果属植物的主要起源中心之一。

(二)传播

苹果属植物的起源时期及起源中心尚不明确，因此，有关苹果属植物的传播途径也依考究者不同而有异，有时甚至出现相反的传播途径。1978年，日本学者星川清亲在其出版的《栽培植物起源和传播》中，综合前人报道，认为苹果属植物的起源和传播途径主要有两个。一个是中国原产、起源的沙果（*Malus asiatica*）等苹果属种类，经由中国传入日本等地；另一个是原产、起源于高加索南部和小亚细亚的苹果属植物，由于古代民族的变迁而传到欧洲，经过不断地栽培改良，逐渐发展成现代西洋苹果（*Malus pumila*），西洋苹果在公元6世纪经西域传入中国。这两个苹果属植物的主要起源中心及其传播途径见图7-1。

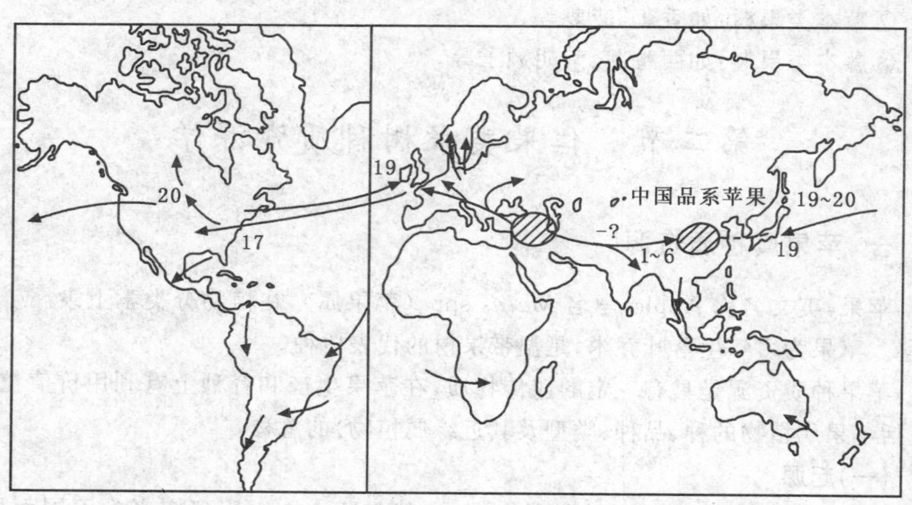

图7-1　苹果植物的起源传播示意图

（引自星川清亲著，段传德等译，《栽培植物的起源与传播》，河南科学技术出版社）

(三)分类

因所依据的分类特征不同，苹果属植物的分类有很多系统，每个系统中包含的苹果属植物种类、数目也不尽相同，多者达74种（Knight，R. L.，1963），少的仅3

种(Miller, P., 1745)。影响较大的主要有:

1. 柯汉(E. Koehne)分类

1898年,柯汉依据果实上萼片的残存与否将苹果属植物分为宿萼果(*Calyx persistent*)和脱萼果(*Calyx deciduous*)两个系。

2. 沙拜尔(H. Zabel)分类

1903年,沙拜尔依据成年树上裂叶的有无将苹果属植物分为真苹果区(*Eumalus*)和花楸苹果区(*Sorbomalus*)。

3. 瑞德(A. Rehder)分类

1920年,瑞德依据幼叶在芽内的状态及成龄叶裂片的有无将苹果属植物分为真苹果区(*Eumalus* Zabel)、花楸苹果区(*Sorbomalus* Zabel)、洋沙果区(*Chloromeles* Rehd)、毛裂片果区(*Eriolobus* Schneider)和移依海棠区(*Docyniopsis* Schneider),该分类法包括的苹果属植物共有25个种。

4. 中国科学院植物研究所的分类

1956年,俞德浚和阎振茏依据幼叶在芽内的卷叠状态、叶片分裂与否、果实石细胞的有无及果实萼片的残存与否,将中国原产的苹果属植物分为3组5个系,共包括20个种;1979年,俞德浚在《中国果树分类学》中,叙述的中国原产的苹果属植物已达23种;1983年,西南农业大学成明昊和江宁拱等发现了苹果属新种——小金海棠;1988年,阎振茏认为,全世界苹果属植物共有35个种,并将我国原产的24种苹果属植物分为真正苹果组(含山定子系、苹果系、海棠系,13个种)、花楸苹果组(含三叶海棠系、陇东海棠系、滇池海棠系,9个种)和移依海棠组(含台湾林檎、尖嘴林檎2个种)。

5. 怀斯特伍德(M. N. Westwood)分类

1990年,怀斯特伍德等依据染色体数目、无融合生殖状况、同种内个体之间的化学亲和性、果实体积、萼片宿存与否、心皮数目及成熟果实的脱落情况等,将苹果属植物分为真苹果区(含三系四组25个种,即苹果系的苹果组9个种和山定子组的5个种、三叶海棠系的2个种、陇东海棠系的陇东海棠组5个种和滇池海棠组4个种)、花楸苹果区(含1个种)、毛裂片果区(含1个种)、洋沙海棠区(含3个种)及移依海棠区(含3个种)。

(四)收集、保存、评价、研究和利用

1. 收集和保存

世界各苹果生产或苹果原产主要国家历来都重视对苹果种质资源的收集和保存。在苹果砧木资源(含种、近缘种及异属苹果砧木资源)的收集和保存上,各收集保存国家基本上都已收集齐全已知的苹果砧木资源、并予以保存。以我国为例，国家种质资源苹果圃及相关研究单位除已收集保存有原产我国的 24 个苹果种外，还引进、收集保存有其他苹果砧木、特别是苹果属矮化砧木资源，如 M 系和 MM 系、EMLA 系、MAC 系等等。

苹果品种资源丰富，总数在 8 000 个以上，但收集保存的品种或类型仅在 3 000个以内。20 世纪 80 年代，前苏联全苏作物栽培研究所保存 2 670 个苹果品种，英国国家果树品种试验站保存 2 300 多个苹果品种，美国纽约州立农业试验站保存 1 300 多个苹果品种和品系，日本保存 950 多个苹果品种和野生、半野生种，中国国家苹果种质资源圃（含中国农业科学研究院果树研究所苹果种质资源圃、吉林省果树研究所国家寒地果树种质资源圃）收集保存有以品种为多数的苹果属的种、栽培品种和类型近千份。

2. 评价和研究

(1)苹果属植物的遗传性状：可喜的是，有关苹果属植物决定性状的基因的研究已经启动（表 7-1）。此外，在梨属、山楂属、花椒属以及梨亚科的其他属中，都存在着许多对苹果改良有用的基因。当研究并确定这些基因后，可以借助基因工程的手段将其导入苹果植物中。

表 7-1　苹果属植物已鉴定确定的部分基因类型

基因符号	性状	基因符号	性状
A1a2a3	黄斑驳病	*Pc*	根颈腐朽病
Ato	花冠发育不全	*Pd*	重瓣病
C1	白化病	*Pi1 pi2*	白粉病抗性
Caacab	萼片脱落性	*Ps1 ps2*	苹果褐斑病抗性
C0	柱形树性	*R1R2*	叶片花青苷
Bul bu2	树干凸瘤病	*Rp*	紫色素沉积
D1	矮化树冠	*S1S2S3*	不亲和性
D2	成长 2 年后的矮化性	*Sd1Sd2Sd3*	粉红苹果蚜虫抗性
Er	苹果绵蚜抗性	*Smh*	蚜虫过敏性
Cya/cyb	淡绿致死	*V*	树体下垂生长习性
Ma	苹果酸	*VaVbVbjVmVr*	苹果黑心病抗性
P1p2p3p5	花粉致死		

苹果属植物的染色体基数 X＝17，表 7-2 列举的是苹果属植物主要种的染色体数目及倍性。由此可见，大多数苹果属植物中多种倍性的多倍体（3x，4x，2x）占有很大的比例。多倍体是苹果属植物的一个重要进化途径；多倍体可塑性大，生存性和适应性强等特性对苹果科研和生产有较大的利用价值；同时，许多杂种起源的苹果种类具有无融合生殖特性，而在苹果属无融合生殖的种类中许多是多倍体，它们在种类保纯、种类的进化与扩散、抗逆性等方面有着很强的优势。

表 7-2　苹果属植物的染色体数目及倍性

种　名	学　名	染色体数（2*n*）	倍性（x）
山定子	*Malus baccata* Borkh.	34	2x
毛山定子	*M. mandshurica* Komarov.	34	2x
丽江山定子	*M. rockii* Rehd.	34	2x
		51	3x
		68	4x
		85	5x
锡金海棠	*M. sikkimensis* Koehne.	34	2x
		51	3x
		68	4x
垂丝海棠	*M. halliana* Koehne.	34	2x
		51	3x
（绵）苹果	*M. pumila* Mill.	34	2x
		51	3x
		68	4x
楸子	*M. prunifolia* Borkh.	34	2x
		51	3x
		68	4x
花红	*M. asiatica* Nakai.	34	2x
		68	4x
河南海棠	*M. honanensis* Rehd.	34	2x
西府海棠	*M. micromalus* Makino.	34	2x
		51	3x

续表 7-2

种　名	学　名	染色体数(2*n*)	倍性(x)
新疆野苹果(塞威士苹果)	*M. sieversii* Roem.	34	2x
陇东海棠	*M. kansuensis* Schneid.	34	2x
海棠花	*M. spectabilis* Borkh.	34	2x
		51	3x
滇池海棠	*M. yunnanensis* Schneid.	34	2x
沧江海棠	*M. ombrophila* Hand-Mazz.	34	2x
西蜀海棠	*M. prattii* Schneid.	34	2x
尖嘴林檎	*M. melliana* Rehd.	34	2x
台湾林檎	*M. forimosana* Kawak. et Koidz.	34	2x
山楂海棠	*M. komarovii* Rehd.	34	2x
湖北海棠	*M. hupehensis* Rehd.	51	3x
		68	4x
三叶海棠	*M. sieboldii* Rehd.	34	2x
		51	3x
		68	4x
		85	5x
变叶海棠	*M. toringoides* Hughes.	34	2x
		51	3x
		68	4x
花叶海棠	*M. transitoria* Schneid.	34	2x
		51	3x
小金海棠	*M. xiao jiensis* Cheng et Jiang	68	4x
多花海棠	*M. floribanda* Sieb.	34	2x
珠眉海棠	*M. zumi* Rehd.	34	2x
沙金海棠	*M. sargentii* Rehd.	34	2x
		68	4x

梁国鲁(1986)对苹果属植物 31 个种类的核型分析结果表明(表 7-3) 供试的苹果属植物中,除昭觉红花有一对正中着色点染色体(M)外,其余种类的核型只包括中部着丝点染色体(m)和近中部着丝点染色体(sm),无近端着丝点染色体(st)及端部着丝点染色体(t)。因此,苹果属植物的染色体长度均属小染色体范畴。

表 7-3　苹果属植物种类的核型分析

种类	学　名	核 型 公 式	相对长度变异幅	差值	臂比变异幅	差值	As. k(%)	对称核型
昭觉花红	*Malus* sp.	$2n$=34=2M+30m+2sm	4.44～8.79	4.35	1.00～20.07	1.06	58.83	2A
西蜀海棠	*M. prattii*	$2n$=34=24m(2SAT)+10sm	4.03～8.08	4.05	1.15～2.43	1.31	59.15	2B
滇池海棠	*M. yunnanensis*	$2n$=34=24m+10sm	3.90～8.26	4.36	1.15～2.45	1.30	59.18	2B
沧江海棠	*M. ombrophila*	$2n$=34=24m(4SAT)+10sm	4.27～8.98	4.71	1.07～2.31	1.24	59.23	2B
丽江山定子	*M. rockii*	$2n$=34=24m(2SAT)+10sm(2SAT)	3.87～8.60	4.73	1.02～2.28	1.26	59.33	2B
垂丝海棠	*M. halliana*	$2n$=34=24m(4SAT)+10sm	3.51～7.81	4.30	1.06～2.38	1.32	59.36	2B
锡金海棠	*M. sikkimensis*	$2n$=34=24m+10sm	4.47～9.05	4.58	1.01～2.30	1.29	59.37	2B
河南海棠	*M. honanensis*	$2n$=34=24m(2SAT)+10sm	4.10～8.78	4.68	1.05～2.35	1.30	59.40	2B
山定子	*M. baccata*	$2n$=34=24m(2SAT)+10sm(2SAT)	3.82～8.44	4.62	1.01～2.53	1.52	59.67	2B
毛山定子	*M. mandsurica*	$2n$=34=24m(2SAT)+10sm	4.30～9.27	4.97	1.09～2.54	1.45	59.73	2B
早花山定子	*M. baccata*	$2n$=34=24m(2SAT)+10sm	3.70～8.06	4.36	1,02～2.23	1.21	59.76	2B
大果山定子	*M. baccata*	$2n$=34=24m(2SAT)+10sm	4.42～8.95	4.53	1.01～2.23	1.22	59.79	2B
新疆野苹果	*M. sieversii*	$2n$=34=24m+10sm	4.44～8.91	4.47	1.04～2.64	1.60	60.06	2B
石柱湖北海棠	*M. hupehensis*	$2n$=34=31m+20sm	4.15～8.32	4.17	1.01～2.33	1.32	60.86	2B

续表 7-3

种类	学名	核型公式	相对长度变异幅	差值	臂比变异幅	差值	As. k(%)	对称核型
海棠花	*M. spectabillis*	2*n*=51=33(3SAT)+18sm	3.80～8.47	4.67	1.04～2.37	1.33	60.94	2B
巴县矮花红	*M. asiatica*	2*n*=68=44m+24sm	4.35～4.55	7.20	1.02～2.99	1.97	60.95	2B
卢氏黄果	*M. hupehensis*	2*n*=51=36m+15sm	4.03～9.97	5.94	1.01～2.73	1.72	61.28	2B
变叶海棠	*M. toringoieds*	2*n*=51=36m+15sm	4.80～9.65	5.57	1.01～2.41	1.40	61.76	2B
三叶海棠	*M. sieboldii*	2*n*=51=32m+19sm	3.74～9.50	5.76	1.03～2.42	1.39	61.78	2B
平邑甜茶	*M. hupehenssi*	2*n*=51=32m+19sm	4.02～8.89	4.87	1.02～2.98	1.96	61.99	2B
花叶海棠	*M. transitoria*	2*n*=51=35m+16sm	3.80～9.50	5.70	1.01～2.85	1.84	62.29	2B
泰山海棠	*M. hupehensis*	2*n*=51=30m+21sm	3.67～9.22	5.55	1.07～2.86	1.79	62.48	2B
盐源湖北海棠	*M. hupehensis*	2*n*=68=36m+32sm	4.14～10.60	6.46	1.01～2.86	1.85	62.80	2B
西府海棠	*M. micromalus*	2*n*=51=33m(6SAT)+18sm	4.10～10.43	6.33	1.01～2.62	1.61	63.40	2B
卢氏红果	*M. hupehensis*	2*n*=51=25m+26sm	4.10～11.01	6.91	1.01～2.89	1.24	64.82	2B
昭觉丽江山定子	*M. rockii*	2*n*=51=41m+10sm	3.95～10.84	6.89	1.02～2.89	1.87	64.93	2B
马尔康湖北海棠	*M. hupehensis*	2*n*=51=25m+26sm	3.72～9.35	5.63	1.09～2.85	1.76	64.97	2B
小金海棠	*M. siaijinensis*	2*n*=68=32m+36sm	2.04～9.28	7.24	1.01～2.56	1.55	65.05	2B

引自梁国鲁，1986，西南农业大学学报。

(2)苹果属植物的植物学性状：在苹果属植物幼叶卷叠式方面，江宁拱(1989)对34种苹果属植物的研究发现，苹果属植物幼叶卷叠式除以前普遍认为的席卷式和对折式两种外，还有内卷式、内卷-席卷式和对折-席卷式3个新的类型。对折式和内卷式在系统发生上较进化。幼叶为内卷式和对折式的种，其染色体大多数为二倍体($2n=34$)；席卷式、内卷-席卷式、对折-席卷式的各个种多为三倍体和四倍体，有些种还伴有花粉败育及无融合生殖的特征。

在苹果属植物花粉的研究方面，杨晓红(1986)利用扫描电镜的观察结果表明，苹果属植物花粉的大小、性状和纹饰等在种间表现出明显的差异。苹果属植物花粉的演化路线是，原始种的花粉粒呈长圆形(P/E值大)、赤面饰纹呈条网状、萌发孔不外露、孔沟浅，较进化种的花粉粒呈近球形(P/E值小)、赤面饰纹呈条状、萌发孔外露、孔沟深。花粉粒的P/E值与果实直径呈显著负相关。近球形花粉基因与大果基因、长球形花粉基因与小果基因相连锁，且彼此靠得很近。

(3)苹果属植物的农业性状：目前已知、并有利用潜力的部分苹果资源的产量性状、品质性状、抗性和适应性简述于表7-4、表7-5、表7-6、表7-7中。

表7-4 部分苹果品种资源的产量性状

产量性状	品种名称
丰产	金冠、乔纳金、新乔纳金、旭、秦冠、锦红、惠、鸡冠
果个大	珍宝、Sekai-Ichi、Spokane Beauty、Twenty Ounce
稳产性好	鸡冠、金冠、红星
稳产性差	醇露、大国光、国光
早熟	维斯塔贝拉、吉尔瓦早、Quinte、柳玉芽变
晚熟	富士、国光、罗马美丽、Braeburn、Granny smith、澳洲青苹
结果早	金冠、红玉、Monroe

表7-5 部分苹果品种资源的品质性状

品质性状	品种名称
鲜食性优	乔纳金、富士、金冠、新乔纳金、红月、嘎拉、旭、帝国、橘苹、胜利、Braeburn、红玉、黄牛顿、Spartan
加工性优	君袖、金冠、澳洲青苹、York -Imperial

续表 7-5

品质性状	品种名称
果形	斯普兰德、元帅系、金冠
红色果	波根底、元帅芽变、嵌合体国光、Law Rome、Spartan
果肉红色	红芯子、红肉苹果、Rosybloom Crabapples
维生素 C 含量高	Calville Blane

表 7-6　部分种或品种对病、虫害的反应

	免疫特性	抗性强	抗性较强	抗性差或易感染
腐烂病			赤阳、印度、黄魁、甜黄魁等	青香蕉、元帅系、国光、玉霞、醇露、倭锦、红玉、金冠、祝光等
粗皮病		旭、鸡冠、美尔巴、翠秋	辽伏	富士系、元帅系、青香蕉、红玉
轮纹病			辽伏、锦红	青香蕉、金冠、红玉、丹顶
颈腐病		安托诺夫卡、元帅、金冠、詹母斯·格里夫、红玉、旭、翠玉、君袖、花嫁等		
炭疽病		拉宝、安托诺夫卡、元帅、阿拉特斯、马空、Newton Wonder、Kingston-black	大猩猩、瑞光、秋金星、冰糖、醇露	红绞、红魁、旭、红玉、祥玉、格鲁晓夫卡、花嫁、晚橘苹、鹤之卵、青龙等
黑心病	新金冠	普里玛、普里阿姆、普里亚拉、普林纳、安托诺夫卡、大秋果、早太德曼、初笑、自由、Gavin、Jonafree、Macfree、Sir Priza	花嫁、君袖	旭、黄太平、小鲜果、赤龙、倭锦、元帅、红玉、国光、金冠、瑞光、醇露
白粉病		巴斯美、科拉、普里亚拉、普里玛、默顿乔伊、新金冠、布瑞冈里实生、早太德曼、早生旭、昆特	金冠、卡拉、斯托扬卡、奏冠、辽伏、元帅、印度、青香蕉等	橘苹、倭锦、红玉、红魁、祝光等
火疫病		阿堪、红巴龙、昆特、普利亚拉、安托诺夫卡、元帅、Novole	倭锦、君袖、大珊瑚、花嫁、醇露、玉霞、初笑、元帅、科鲁斯、毕斯马科等	

续表 7-6

免疫特性		抗性强	抗性较强	抗性差或易感染
褐斑病		肯达尔、大秋果	赤阳、英格兰、鸡冠、红绞、柳玉、大猩猩、旭、醇露、大珊瑚、齐尔顿	金冠、红玉、富士系、元帅系、印度、纽番、红魁、黄魁等
锈果病			红玉、红魁、旭、祝光	国光、鸡冠、元帅、青香蕉等
食心虫			元帅、阿堪	红玉、国光、胜利、历山王、紫香蕉、纽番昆麻斯、可口香、耶维林
红蜘蛛		君袖、昂大略、西纳坡、伦敦、皮平、堪地勒·西纳坡、詹母斯·格里夫	倭锦、初笑、花嫁	祝光、红玉、早生旭、国光、金冠、红绞、凤凰卵
瘤蚜		紫太平、大秋果	迎秋、金红、小鲜果	柳玉、青香蕉、醇露、甜帅、祥玉、红星、金冠、鸡冠、大珊瑚、奇尔顿、黄太平
腐烂病		黄海棠、山定子、雅江变叶海棠、湖北海棠、毛山定子		
黑星病		*M. floribunda*、*M. zumi*、*M. atrosanguinea*、*M. prunifolia*	*M. baccata*	黄海棠
白粉病	西伯利亚海棠、珠眉海棠	草原海棠、渥太华 13 号	小金海棠、海棠果、安托卡	花红海棠
火疫病		草原海棠、海棠果、Robusta5	M7	M9、M26
锈果病				绵苹果、花红、海棠果、槟子
绵蚜		乐园	楸子、绵苹果	M7、M9、M26
瘤蚜				黄海棠
颈腐病		M4、M9、渥太华 3 号、Bud9	海棠果	

表 7-7 部分苹果属植物对不良自然条件的抗逆性

种	冬季低温	干旱	水涝	盐碱
山定子	＋＋＋	＋	—	—
毛山定子	＋＋＋	＋		—
海棠果	＋＋	＋＋	＋	＋＋
新疆野苹果	＋	＋＋＋		
山楂海棠	＋＋			
西府海棠	＋	＋＋	—	＋＋
花叶海棠	＋＋	＋＋		
三叶海棠		—	＋	—
陇东海棠	＋	＋＋		
小金海棠	＋＋	＋		＋＋
森林苹果		＋＋		＋
湖北海棠				
甜茶		—	＋＋	
平邑甜茶		—	＋＋＋	
沙果	＋＋		＋	＋
河南海棠		＋＋	—	
美洲褐海棠	＋＋			
草原海棠	＋＋			
M7		＋＋		
M9		＋		
M111		＋＋		
M13			＋	
奥涅金海棠			＋	

此外，还有一些性状，如苹果品种资源的矮化性状及多倍体性状(表 7-8)、砧木资源的综合性状(表 7-9)、砧穗组合、物候期、果实耐储运性、具有无融合生殖特性的苹果种质资源(如变叶海棠、湖北海棠、小金海棠等)及其无融合生殖特性，也应作为种质资源研究和评价工作的重要内容。

表 7-8　部分苹果品种资源的矮化、多倍体性状

性状	品种名称
具遗传矮化性	威赛旭、Maypole、Telamon、Trajan、Tuscan
三倍体	卡蒂纳、富丽、赤龙、大绿、大珊瑚、洛岛绿、陆奥、新金冠、乔纳金、新乔纳金、伏花皮、北斗、红珊瑚、斯派金、阿堪、查登
四倍体	阿尔法 68

表 7-9　苹果常用乔化砧的综合性状

树种名称	特性
山定子	抗寒性和越冬性极强、但不耐盐碱，土壤 pH＞7.6，叶片即黄化；中部或偏南果产区呈现“小脚”
西府海棠	耐旱、较耐盐碱、可至 pH8.6 土壤，可适应多种土壤，但始果晚，抗寒性低于山定子
楸子	基本同西府海棠
新疆野苹果	与大多数品种亲和力强，长势旺
湖北海棠	类型多，耐旱、涝、盐碱能力差异明显

(4)苹果属植物的观赏价值：古今中外，除主要用作砧木、供鲜食或加工等用途外，苹果属植物还兼具观赏的功能，甚至有些种、品种的主要用途就是其观赏价值。对这些种质资源的研究和评价也应从观赏角度考虑(表 7-10)。

表 7-10　苹果属的观赏资源及其评价

资源名称	观赏特性	主要用途
垂丝海棠	花重瓣、繁多而美丽	栽植观赏、或作盆景
楸子	果大宿萼、红、黄皆有，花繁叶茂	庭园栽植
变叶海棠	树姿高昂、花繁似锦、果形长圆、红亮艳丽	行道树
花叶海棠	类似变叶海棠、但叶具深裂刻更显美感	行道树、庭园栽植
湖北海棠	花丽果美叶光泽	庭园栽植
山定子	花白、果黄红	庭园栽植
舞美	花多且密绕干上，花瓣隽秀艳丽、鲜胭脂红色、花期长。叶色随春呈现鲜红或紫红、夏呈现青铜色或深绿色、秋而深红或紫红色。花后幼果即现紫红色并秋季成熟	公园栽植、盆景

3. 利用

对苹果属种质资源的利用，也可以分为直接利用和间接利用两种方式。直接利用包括实生选种得到的优良单系、芽变且遗传性状稳定的株系、引种并经适应性观察研究后的优良品种、诱变获得的优良株系、适应性强或对某病虫害或逆境抗性强的砧木资源等。表 7-11 即为对常用苹果砧木主要特性研究、评价后，提出其适应范围而可直接利用的一例。

表 7-11 常用苹果砧木主要特性

种类	学名	主要性状	适宜范围
山定子	*Malus baccata*	抗寒、适应性强、不耐盐碱	东北、华北、山东
楸子	*M. prunifolia*	抗寒、耐碱	华北、西北、山东
花红	*M. asiatica*	抗寒	华北、西北
河南海棠	*M. homanensis*	抗旱、矮化、结果早	河南
湖北海棠	*M. hupehensis*	耐湿涝、半矮化	四川、湖北、云南
毛山定子	*M. mandshurica*	抗寒、不耐盐碱	东北、华北、西北
西府海棠	*M. micromalus*	抗旱、耐盐、不耐涝	山西、河南、山东
苹果	*M. pumila*	乔化、矮化类型多	世界各地
塞威氏苹果	*M. sieversii*	抗旱、结果早	新疆
大鲜果	*M. soulardrdii*	耐盐、抗旱	山东
海棠花	*M. spectabili*	较耐盐碱	河南、陕西
花叶海棠	*M. transitoria*	抗旱、耐寒、易患锈果病	陕西、山西北部
丽江山定子	*M. rookii*	较耐涝	四川、云南、西藏

引自李恩生，王继世，“砧木”，《中国农业大百科全书·果树卷》，1993。

对苹果属种质资源间接利用的例子更多，目前生产上栽培的绝大多数品种都是经过果树育种工作者长期选育、研究和鉴定评价后推向生产的，以间接利用方式进行利用的。

二、梨属种质资源

梨，英文名称 Pear，学名 *Pyrus* spp.（梨属），植物分类学上隶属蔷薇科，梨为多年生落叶乔木，是主要的温带果树之一。

梨种质资源是具有一定的遗传物质，在梨生产和育种上有利用价值植物（包括苹果属植物的种、品种、类型及其近缘属植物）的总称。

（一）起源

与苹果属植物相比，梨属植物的起源时期和起源中心更清楚。蒲富慎研究认为，梨属植物起源于新生代中国西部的山岳地带，由于山脉的地理隔离和气候生态条件的差异，梨属植物演化而分为东方梨系和西方梨系两大系统，同时形成了世界栽培梨的中国中心、中亚中心和西亚中心等3大起源中心。日本学者星川清亲提出，东方梨原产中国、日本南部和朝鲜南部，西洋梨原始种野生于欧洲的中部到东南部、高加索南部、小亚细亚、波斯北部地区。前苏联植物学家费道罗夫指出，世界梨属植物约有60个种，野生于欧、亚及北美3洲，其中高加索地区是梨属植物的最大发源地之一，原产梨属植物24～26种，另有中国原产的梨属植物(14种)和欧洲原产的梨属植物。

(二)传播

1.东方梨

东方梨原产于我国，早在2 500年前的周秦时代，已开始了梨的经济栽培。明治初年(1880年)，日本从我国引入鸭梨。因食用习惯，虽然19世纪以来的多次引种并未使中国梨在欧美等国规模性栽培，但美国引入我国秋子梨、棠梨改良西洋梨品种，有效抑制了西洋梨火疫病的发生和传播。

2.西洋梨

西洋梨原生于欧洲，其栽培始于史前，英、法、意、希腊、比利时等欧洲各国均有。1630年，欧洲输入西洋梨苗木后美国开始栽培。

我国新疆栽培西洋梨的历史已有1 400年以上，内地则是在1840年美国传教士尼维斯(John L. Nevius)将西洋梨传入山东烟台后，开始栽培西洋梨。

因此，鉴于东方梨系基本只栽培在原产地中国及日本、朝鲜，在此引用星川清亲对西洋梨传播途径描述的示意图(图7-2)。

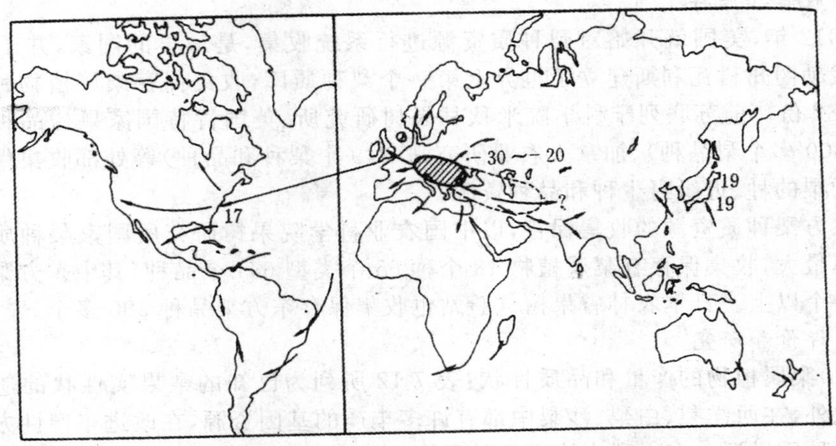

图7-2　西洋梨的起源传播示意图

(引自星川清亲著，段传德等译，《栽培植物的起源与传播》，河南科学技术出版社)

(三)分类

梨属植物的分类因研究者所依据的分类特征不同,分类系统也就不同。

1. 柯汉(E. Koehne)分类

1890 年,柯汉依据果实上萼片的残存与否,将梨属植物分为宿萼果组(*Achras*)和托萼组(*Pashia*)。

2. 菊池秋雄分类

1951 年,日本学者菊池秋雄依据梨属植物心室数目的多少,将梨属植物分为真正梨属(*Eupyrus*)、小梨组(*Micropyrus* Kikuchi)和杂种组(*Inetrmedia* Kikuchi)3 个组。

3. 费道罗夫分类

1954 年,前苏联植物学家费道罗夫依据梨属植物的综合形态、生物学特性及其生态地理条件,将梨属植物分为川梨组(*Pashia* Fed)、真正梨组(*Eupyrus* Fed)、木梨组(*Xeropyrenia* Fed)、银梨组(*Argyromalon* Fed)等 4 个组。

4. 中国学者分类

1960 年,中国科学院植物研究所俞德浚依据叶缘锯齿状况,将原产我国的梨属植物分为 14 种。1993 年,中国农业科学院果树研究所蒲富慎综合梨属植物种的演化和生态地理条件,将世界梨属植物 30 余种中的 28 种分为西方梨系(包括欧洲种群、北非种群、西亚种群)和东方梨系(包括东亚种群)等 2 个系 4 个种群。

(四)收集、保存、评价、研究和利用

1. 收集和保存

1912 年,美国就开始对梨种质资源进行系统收集,是最早的国家,并于 1981 年在俄勒冈州科瓦利斯建立了世界上第一个梨种质库,收集保存梨属植物种和品种 1 382 份。前苏联列宁科学院米秋林果树研究所、英国肯特国家果树品种试验站(3 600 多个梨品种)、加拿大农业研究站(249 个梨种和品种)等处都收集保存有较多的梨的种、近缘野生种和品种资源。

东方梨种质资源的收集保存,以中国农业科学院果树研究所国家梨种质资源圃规模最大,收集保存有梨属植物 18 个种 65 个类型 641 个品种,其中东方梨品种在 600 个以上。日本农林省果树试验站也收集保存东方梨品种 300 多个。

2. 评价和研究

(1)梨属植物的产量和品质性状:表 7-12 所列为已知的梨果实性状的遗传规律。此外,在西洋梨、白梨、沙梨中都有许多丰产的基因资源,在改进丰产性方面是重要的种质供源。东方梨中许多品种具有良好贮藏性能,也对西洋梨品种易发生生理病害或不易贮藏,具有种质改良的意义。

童期的遗传属多基因控制的数量性状,后代呈连续变异。一般结果早的亲本能产生结果早的后代,结果晚的亲本杂交后代结果也晚。沙梨后代童期较短,白梨

和西洋梨童期较长。

表 7-12　梨果实性状的遗传规律

性状	遗传规律	分离程度及特性
果形	多基因控制的数量性状	杂交后代广泛分离，但与亲本相似或接近，尤圆形、卵圆形和扁圆形具遗传优势
果实大小	数量性状遗传	杂种后代广泛分离，且多呈趋小变异
果实皮色	单基因或一对基因控制，并受其他辅助因子修饰或具异质结合加性效应	西洋梨黄色对绿色为显性；红巴梨由红色基因控制，日本型基色由绿色基因 H 控制，褐色木栓层 *R* 基因控制，*rr* 为纯绿色，*RrHH*、*RRHH*、*Rrhh* 为褐色
果实品质	多基因控制的数量性状	可溶性固形物、果心在杂交后代皆表现趋中变异，且前者普遍表现超亲现象
果实成熟期	多基因控制的数量性状	杂种后代表现趋中特点、并存在早熟超亲遗传

(2)梨属植物的抗性和适应性：梨对病虫害和环境胁迫的抵抗性和适应性，一般都受多基因控制。表 7-13、表 7-14、表 7-15 分别列举了不同梨种对病害、虫害的抗性及环境因子的适应性。

3. 利用

全世界各国现有的梨树主栽品种和砧木，绝大部分都是通过考察、收集、引种并经适应性研究后或实生、芽变选育出来，以直接利用的方式用于生产的。

传统的有性杂交和选育方法仍然是研究那些遗传和生理机制知道很少或根本就不了解的复杂种质改良的有效方法。例如，美国利用抗火疫病的沙梨与西洋梨品种进行种间杂交，在 20 世纪 30 年代就育成了贵妃、康德等品种，不仅增强了抗病性，更适于加工制罐用。近年来利用秋子梨血统的实生株系与西洋梨杂交，获得抗病品种马格里斯、黎明等，品质、大小等性状均优良。我国也用杂交或实生选种等育成了早酥、锦丰、锦香、脆丰、苹香梨、大梨、黄脆梨、兴城一号等优良新品种，丰富了梨的品种组成和种质库容，也是间接利用的有力证明。

三、中国山楂属植物种质资源

山楂，英文名 Hawthorn，学名 *Crataegus* L.，植物分类学上隶属蔷薇科山楂属。

山楂种质资源是具有一定的遗传物质，在山楂生产和育种上有利用价值植物的总称。

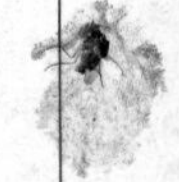

表 7-13 不同梨种对病害的抗性

种	学名	细菌				真菌				类菌原体
		火疫病	疮痂病	冠瘿病	颈腐病	褐斑病	灰斑病	黑星病	白粉病	衰退病
欧洲										
高加索梨	*P. caucasia*	S	MS	S	MS	MS	—	MS	MS	MS
西洋梨	*P. communis*	VS-R	S-MR	S-MS	MS	MS-MR	S-R	S-R	MS	MR-R
心形梨	*P. cordeta*	VS	—	—	—	MS	—	MR	MR	MS
雪梨	*P. nivalis*	S	MS	—	—	—	—	MS-MR	MR	MR
地中海沿岸										
扁桃形梨	*P. amygdaliformis*	S-MS	MR	—	—	MR	—	MR	MR	MR
胡秃子梨	*P. elaegrifolia*	S-MS	MR	—	MR	MR	—	MR	MR	MR
哈比纳梨	*P. gharbiana*	—	—	—	—	—	—	—	—	
朗吉普梨	*P. longipes*	VS	MR	—	—	—	MR	—	MS	
马磨仑梨	*P. mamorensis*	VS	—	—	—	—	—	MR	—	
叙利亚梨	*P. syriaca*	S	MR	—	MS	MR	—	—	—	MS

续表 7-13

种	学名	细菌				真菌				类菌原体
		火疫病	疮痂病	冠瘿病	颈腐病	褐斑病	灰斑病	黑星病	白粉病	衰退病
中亚										
川梨	*P. pashia*	S	MR	—	MS	VS	—	MR	MS	MR
雷格梨	*P. regelii*	S	S	—	—	—	MR	—	—	
柳叶梨	*P. salicifolia*	S	S	—	—	—	MR	—	—	
东亚										
杜梨	*P. betulifolia*	VS-MS	MR	MR	MR	MR	—	MR	MR	MR
豆梨	*P. calleryana*	R	MS	MR	MR	R	—	—	MR	MS-MR
二型叶梨	*P. dimorphophylla*	MS	MS	MR	—	MR	—	MR	R	MR
朝鲜豆梨	*P. faurici*	MR-R	MS	—	MS	—	—	MR	MR	MS
日本青梨	*P. hondoensis*	MR-R	—	—	—	—	—	MR	—	—
卡瓦卡米梨	*P. kawakamii*	S	MS	—	—	—	—	MR	—	MS
滇梨	*P. pseudopashia*	MR	—	—	—	—	MR	—	—	
沙梨	*P. pyrifolia*	MS-MR	MS	VS	—	S		S-R	MS	S
秋子梨	*P. ussuriensis*	R	MS	—	—	S-R	—	S-R	MR	S

抗性强弱：VS=非常感；S=感；MS=较感；MR=较抗；R=抗。

引自 James N. Moore 等。

表 7-14　不同种的梨对害虫的抵抗力

种		梨木虱	苹果蠹蛾	叶瘿壁虱
高加索梨	*P. caucasia*	MS	S	MS
西洋梨	*P. communis*	S-R	S	MS
心形梨	*P. cordata*	MS	S-R	MR
雪梨	*P. mivalis*	MS-R	MS	—
扁桃形梨	*P. amygdaliformis*	MS	S-R	MR
胡颓子梨	*P. elaeagrifolia*	MS-MR	S-R	MR
哈比纳梨	*P. gbarbiana*	S	—	MR
郎吉普梨	*P. longipes*	MS	MR	MR
马摩仑梨	*P. mamorensis*		—	—
叙利亚梨	*P. syriaca*	MS-MR	—	MR
川梨	*P. pasbia*	MS-MR	MR	MR
雷格梨	*P. regelii*	R	—	MR
柳叶梨	*P. salicifolia*	MS	MR	MR
杜梨	*P. betulifolia*	R	R	MR
豆梨	*P. calleryana*	R	R	MR
二型叶梨	*P. dimorpbopylla*	R	R	MR
朝鲜豆梨	*P. fauriei*	R	R	MR
日本青梨	*P. bondoensis*	MR	MS	MR
滇梨	*P. psedopashia*	MR	S-R	MR
卡瓦卡米梨	*P. kawakamii*	MR	R	MR
沙梨	*P. pyrifolia*	MS	MS	MR
秋子梨	*P. ussurienis*	MS-R	MS	MR

抗性强弱：S＝感；MS＝较感；MR＝较抗；R＝抗。

引自 James N. Moore 等。

表 7-15 不同梨种对环境因子的遗传适应性

种	学名	气候因子			土壤因子					
		对暖冬的适应性	抗寒性	枝致死温度/℃	低 pH	高 pH	湿土	干土	沙土	石灰性土壤
欧洲										
高加索梨	*P. caucasia*	L	H	−33	H	H	H	H	H	H
西洋梨	*P. communis*	M-H	M-H	−29	M	M	M-H	M	H	(L),H
心形梨	*P. cordeta*	H	L	−25	L	H	L	H	H	L
雪梨	*P. nivalis*	L	H	−29	—	—	—	—	M-H	M-H
地中海沿岸										
扁桃形梨	*P. amygdaliformis*	VH	L	−27	L	VH	L	H	H	M
胡秃子梨	*P. elaegrifolia*	L	H	−28	M	VH	M	H	H	H
哈比纳梨	*P. gharbiana*	M	L	—	—	M	—	H	H	—
朗吉普梨	*P. longipes*	M	H	−28	M	—	H	H	—	
马磨仑梨	*P. mamorensis*	M	L	—	H	—	—	—	—	—
叙利亚梨	*P. syriaca*	M	L	−22	L	M	—	H	M	—
中亚										
川梨	*P. pashia*	VH	S	−16	VH	S	—	—	M-H	H
雷格梨	*P. regelii*		M	−28	—	M	—	—	M	—
柳叶梨	*P. salicifolia*		M	—	—	M	—	M-H	M	—

适应性强弱：VH＝非常高；H＝高；M-H＝中等高；M＝中等；L＝低；S＝敏感。
引自 James N. Moore 等。

(一)起源

山楂属是一个古老的植物属，起源于新生代第三纪。分布在东亚南部的云南山楂（*Crataegus scabrifolia*（France.）Rehd）及北美洲南部的墨西哥山楂（*C. mexicana* Moc. et Sesse）是山楂属原始种。茹考夫斯基的 12 大栽培植物起源中心中，其中含有栽培山楂的起源中心有 3 个，即：①中国-日本起源中心。在原产 70 多种栽培果树中，有山楂（*C. pinnatifida*）、云南山楂（*C. scabrifolia*）、湖北山楂（*C. hupehensis*）等 3 种栽培山楂；②中亚起源中心。在原产 25 种栽培果树中有意大利山楂 1 种；③中美和墨西哥起源中心。在原产 22 种栽培果树中有墨西哥山楂和厄瓜多尔山楂等 2 种栽培山楂。

原产中国的山楂起源于 3 个中心地带：①黄河流域及西北、东北地区。原产约有53种，其中有栽培山楂1种，即山楂(*C. pinnatifida*)。本种的大果山楂变种(*C. pinnatifida* var. *major* N. E. Br)为我国北部地区主要栽培种，目前已发展形成200多个品种和类型。②长江流域。原产约有40多种，其中有栽培山楂2种：a.湖北山楂(*C. hupehensis*)，有少量品种，河南、湖北、浙江等省有栽培。b.野山楂(*C. cuneata*)，果食用，药用；做砧木。③南部地区(包括西南、中南、东南)，原产有40余种，其中有栽培山楂1种，即云南山楂(*C. scabrifolia*)，当地广泛栽培利用，已形成许多品种。

(二)传播

云南山楂是山楂进化上的一个最关键和重要的种，是向西传播到欧亚大陆的一条主要线路。据白俄罗斯鲍波列科所著的《山楂资源与利用》的记载，19世纪初，中国山楂已传入彼得格勒地区。后在白俄罗斯的植物园和公园也引种有中国山楂、伏山楂、楔叶山楂和甘肃山楂等山楂属植物。

· 起源于长江流域的野山楂，从中国经朝鲜传入日本，主要为庭木盆栽用。

(三)分类

山楂属植物叶片形状，叶缘分裂与否及分裂深浅，花序被毛与否及毛的多少，果实颜色，小核数量、平滑与否、有无凹痕等，都作为分组的重要特征。一般将山楂属植物分为以下6组，即：①羽裂组，如山楂、伏山楂。②浅裂组，如云南山楂、湖北山楂、陕西山楂。③锲形组，野山楂、福建山楂、山东山楂。④毛序组，有华中山楂、橘红山楂等。⑤麻核组，如毛山楂、辽宁山楂、光叶山楂、阿勒泰山楂等。⑥光核组，只有1种，即准噶尔山楂。

(撰写人　韩振海　王忆)

第三节　核果类果树种质资源学

核果类主要栽培树种有桃、李、杏、梅、扁桃和樱桃等，其中多数原产中国。核果类果树因种类多，分布广，种间易于杂交，分类上存在一定的难度；至今，国际学术界对核果类的分类还未有统一意见。

国际上关于核果类的分类方法，有瑞典植物学家林奈(C. Linne)的4属(1752年)和2属(1764年)论、法国学者裘苏(A. L. Jussieu)的4属(1789年)论、瑞士德坎道尔(A. de Candolle)的5属(1825年)论、英国植物学家本生与虎克(Bentham & Hooker)的1属(*Prunus*)7小组(1865年)论及德国植物学家恩格勒和蒲兰特(Engler &Prghtl)的1属(*Prunus*)7亚属(1891年)论等，目前在国际上采用较多的是1926年德国学者芮德(A. Rehder)所编的《北美栽培木本植物手册》中将核果类果树分为1属(*Prunus*属)5个亚属(李亚属,含李、杏、梅;扁桃亚属,含桃与扁桃;樱桃亚属;稠李亚属与常绿稠李亚属)的大属分类方法。近现代以来,越来越多的细胞学分类、化学分类、同工酶及孢粉学分类都支持了核果类的大属分类系统。例如,这些果树的染色体基数均为8,又多数为二倍体。

但在前苏联,多数植物学家是采用小属分类法。例如,考马诺夫(B. L. Komarov)主编的《苏联植物志》(1941)和索可洛夫(C. Sokolov)主编的《苏联乔灌木手册》(1954)中都将核果类果树分为7属:李属、杏属、桃属、扁桃属、樱桃属、稠李属和常绿稠李属。这个分类法至今还为俄罗斯园艺学书刊中所采用。

在亚洲,1959年中国植物分类学家俞德浚也提出了小属分类法,将核果类植物分成了5属(桃属、杏属、李属、樱桃属和稠李属)。1988年王宇霖在《落叶果树种类学》一书中同意俞德浚的小属分类法。1984年,中国园艺学家吴耕民编著的《中国温带果树分类学》则同意贝利(L. H. Bailey)观点,在桃李属下再分李亚属、桃亚属、樱桃亚属和稠李亚属;持类似分类观点的还有日本的吉田雅夫(1986)和中国果树学家曲泽洲和孙云蔚(1990),他们都同意大属分类法,在*Prunus*属再分桃亚属等,把扁桃并入桃亚属中。

关于桃和扁桃的归属,有些植物分类学家主张桃与扁桃划为两个亚属。但中国多数学者认为,它们之间形态差异较小,应系近缘植物;唯从果实利用部分来看不完全相同,为此主张合并为一个亚属,再按其果实成熟时开裂与否分成两组,即不开裂的为真桃组,开裂的为扁桃组。然而,果树园艺学上并未将扁桃放在核果类果树内,而是归入坚果类果树之中。

本节将桃、李、杏和樱桃列入李属(*Prunus*),分别予以介绍。

一、桃

桃,英文名称Peach,学名*Prunus persica* (L.) Batsch.,植物分类学上隶属于蔷薇科李属。桃为多年生落叶乔木,是主要的温带果树代表树种之一。

桃种质资源是指具有一定的遗传物质,在桃生产和育种上有利用价值植物(包括桃属植物的种、品种、类型及其近缘属植物)的总称。

(一)起源

桃起源于中国,中国西部(甘肃、新疆、西藏、陕西等)是桃的起源中心。早在公元前1世纪甚至更早的时期,桃经丝绸之路传至古波斯,继而向西方传播。最早认为桃起源于中国的人是瑞士植物学家德坎道尔(A. de Candolle),他在1855年所著的《植物地理学》一书中，明确表示桃原产中国，而西亚的桃来自于遥远的中华，后又在其《农艺植物考源》(1882)中，根据语言、文献和地理分布，进一步说明桃的"栽培确以中国为最古。中国之有桃树，其时代较希腊、罗马与梵语民族之有桃树犹早在千年以上，且桃之变种几全产于中国。"进化论创立者达尔文，亦在其《动物和植物在家养下的变异》(1868)提到，最早的桃不是从波斯传播而来，而来自中国，他还研究了中国水蜜桃、重瓣花桃、蟠桃等品种的生育特性，并与英国、法国的桃树特性相比较，认为欧洲桃都来源于中国桃。

(二)传播

从中国的地理特点以及桃的起源地看，桃的自然传播主要是黄河水系、长江水系以及西部风力；较早的人为传播应该是黄河文明和长江文明。普通桃的传播是从起源地的甘肃和陕西为中心，向西传播到新疆；向北传播到宁夏、内蒙古等少数气候条件比较温暖的地区；向西南传到四川、云南；向东传到山西、河南、河北、山东等黄河流域的华北地区，并形成华北生态型品种群，构成第一次生中心；经第一次生中心向北传到辽宁、吉林；向南传到江苏、浙江、安徽、湖北、湖南、四川的长江流域等华中地区，并形成华中系生态型品种群，成为第二次生中心；由第二次生中心，再向南传到福建、台湾、广东、广西等华南诸地。

桃向外的大量输出可追溯至汉武帝时代(公元前1世纪)，当时有多种果树经丝绸之路传播到波斯乃至西亚各国。罗马人从波斯引入桃并传至地中海地区，公元530年法国从意大利引进桃，是仅晚于古希腊和古罗马的古老栽培地，13世纪左右英国、德国、比利时和荷兰等国再从法国引种栽培。西班牙是在11世纪左右，由阿拉伯人从波斯和小亚细亚直接引入，并加以很好地改良，形成所谓西班牙系统的品种。

随着新大陆的发现，西班牙人将桃带到了南美；美国引入桃的途径一是移民去的西班牙人带入，二是来自墨西哥，三是1850年美国园艺家道宁(Charles Downing)从上海引去"上海水蜜"。日本古代亦是从中国引进桃资源，到江户时代，日本桃栽培已相当普遍，到明治维新初期(1875)，又从中国引进"上海水蜜"、"天津水蜜"等优良品种。在《大唐西域记》有记载，印度的桃亦是从中国传入的。

对桃的传播，星川清亲指出，公元前2世纪桃自中国经丝绸之路传入波斯，又由波斯传到亚美尼亚，并经亚美尼亚传入希腊，而至罗马、地中海区域。公元530年传入法国，又传入德国、比利时、荷兰等国。11世纪传到西班牙。13世纪传入英国。16世纪传到美国等(图7-3)。

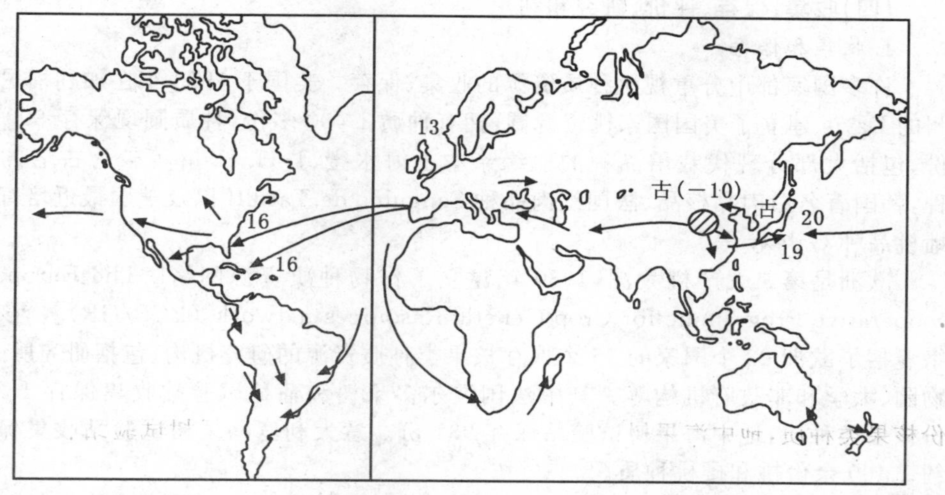

图 7-3　桃的起源传播示意图

(引自星川清亲著,段传德等译,《栽培植物的起源与传播》,河南科学技术出版社)

(三)分类

如前所述,目前研究者较为共识的分类方法是,桃属于蔷薇科、李亚科、李属、桃亚属。在桃亚属中,栽培上有一定价值、主要的桃种有:

(1)普通桃(毛桃)[*Prunus persica*(L.)Batsch.]:为桃属植物中最重要的种,目前世界各国栽培的品种均来源于此种。本种还有 4 个变种,即油桃(*P. persica* var. *nucipersica* Schneid)、蟠桃(*P. persica* var. *platycarpa* Bailey)、寿星桃(*P. persica* L. var. *densa* Makino)和碧桃(*P. persica* var. *duplex* Rehd)和垂枝桃。

(2)山桃[*Prunus davidiana* (Carr.) Franch.]:本种有异变种,即陕甘山桃(*Prunus davidiana* var *potaninii* Batal.),比山桃更耐旱。

(3)甘肃桃(*Prunus kansuensis* Rehd.)。

(4)光核桃(*Prunus mira* Koehne)。

(5)扁桃(*Prunus amygdalus* Stokes)。

(6)矮扁桃[*Prunus tangutica* (Batal.) Koehne.]。

(7)西康扁桃[*Prunus tangutica* (Batal.) Koehne.]。

(8)蒙古扁桃(*Prunus mongolica* Maxim)。

(9)长柄扁桃[*Prunus pedunculata* (Pall.) Maxim]。

(10)榆叶梅(*Prunus triloba* Lindl.)。

(四)收集、保存、评价、研究和利用

1. 收集和保存

许多国家都十分重视桃种质资源的收集、保存。美国于 1983 年在加利福尼亚州的 Davis 建立了美国国家桃资源圃,拥有种质 1 400 多份,种质圃现保存 300 余份,包括大部分现代栽培品种的血缘亲本上海水蜜、J. H. Hale 等较为古老的品种,韩国著名白肉黏核品、法国红肉品种 Sanguine de Tardiff 以及美国最近培育的蟠桃品种 Galaxy 等。

欧洲是第二大产桃大洲,1980 年建立了作物种质资源网络[The European cooperative Programme for Crop Genetic Resources networks(ECP/GR)]。该网络囊括了欧洲 23 个国家的 95 个保存核果类种质资源的研究机构,包括研究所、植物园、大学和非政府机构等。其中法国波尔多果树和葡萄试验站收集保存 1 249 份核果类种质,地中海果树试验站保存 931 份。意大利罗马果树试验站收集保存约 1 400 余份桃和樱桃种质。

日本于 1985 年建立了果树基因库,目前在筑波果树试验总场种植保存桃资源约 700 份,其中野生和观赏资源约 50 份。

中国从 1980 年起,先后在北京、南京、郑州建立国家桃种质资源圃,共保存种质千余份。

2. 评价和研究

美国桃种质资源的鉴定评价主要采用国际遗传资源研究所(IGRIP)的标准,共 149 项,其中基本情况(Passport Data)62 项,初评资料(Characterization and Evaluation Data)20 项,再评资料(Further characterization and Evaluation Data) 67 项。

欧洲对桃种质资源的描述标准包括 54 项,其中 1～19 项是各种植物资源都使用的共性描述项目(Passport Descriptors),20～32 项为李属植物共性描述项目,33～54 项是桃特用的描述项目。

日本桃种质资源的评价中,基本情况有 6 项,性状评价有 37 项,分 3 个层次,首先是主要必选性状,有 12 个,然后是第二必选性状(7 个)和可选性状(2 个),最后是第三必选性状(13 个)和可选性状(3 个)。

我国对桃种质资源的评价上,1990 年出版的《果树种质资源描述符》规范了果树种质资源的评价内容,其中的桃部分对保存的种质进行了物候期、植物学特征、生物学特性、果实经济性状等方面的鉴定评价,筛选优良品种和特异、优异种质。新近出版的包括桃种质资源在内的系列丛书《农作物种质资源技术规范》进一步规范了种质资源的描述符(每个树种的描述性状均在 80 以上)及其分级标准(表 7-16),数据质量控制规范规定了数据采集全过程中的质量控制内容和质量控制方法,以保证数据的系统性、可比性和可靠性。

表 7-16　桃主要性状及变异

性状	变异	参考品种
1. 树体大小	很小 小 中 大 很大	寿星桃 哈露红 大久保 五月鲜 石林黄肉
2. 树体生长势	弱 中 强	寿星桃 大久保 五月鲜
3. 树姿	直立 半直立 开张 平展 垂枝	吊枝白 绿化 9 大久保 — 红垂枝
4. 花枝粗度（不包括花束状果枝）	细 中 粗	哈露红 京春 一线红
5. 花枝节间长度	很短 短 中 长 很长	寿星桃 大久保 庆丰 深州红蜜 碧桃
6. 花枝花色苷显色（背光面）	无 有	云暑 1 号 大久保
7. 花枝花色苷显色程度	弱 中 强	Springtime 大久保 一线红
8. 花芽密度	稀 中 密	石林黄肉 朝晖 大久保
9. 花芽着生状态	单花芽 复花芽	卡林娜 绿化 7 号

续表 7-16

性状	变异	参考品种
10. 花型	铃形花	瑞光 5 号
	蔷薇形	大久保
11. 萼筒内壁颜色	绿黄	大久保
	橙色	瑞光 18 号
12. 花冠颜色(内侧)	白	白花碧桃
	浅粉	早露蟠
	粉	京春
	深粉	临白 7 号
	黄粉	哈佛
	紫粉	瑞光 5 号
	红	红花碧桃
13. 花瓣形状	窄椭圆	早甜桃
	倒卵圆	深州白蜜
	宽椭圆	大久保
	卵圆	五月鲜
	圆	Springtime
	椭圆	晚蜜
14. 花瓣大小	很小	哈佛
	小	瑞光 5 号
	中	Robin,吊枝白
	大	大久保
	很大	NJN72
15. 花瓣数目	5 个	京玉
	大于 5 个	红花碧桃
16. 雄蕊相对花瓣位置	低	大久保
	等高	ARMKING
	高	瑞光 3
17. 柱头相对花药位置	低	五月鲜扁干
	等高	瑞光 3 号,瑞蟠 2 号
	高	砂子早生
18. 花粉	无	五月鲜
	有	大久保

续表 7-16

性状	变异	参考品种
19.子房绒毛	无	瑞光 18 号
	有	大久保
20.托叶长度(完全展开叶)	短	Redhaven
	中	Robin
	长	Dixired
21.叶片:宽度	短	哈露红
	中	绿化 9
	长	一线白
22.叶片长宽比	小	一线白
	中	京玉
	大	寿星桃,云暑 1 号
23.叶片形状	狭披针形	—
	宽披针形	—
	椭圆披针形	—
	卵圆披针形	—
24.叶片横截面形状	凹陷	春蕾
	水平	五月鲜
	突出	
25.叶片顶端外卷	无	五月鲜
	有	红顶
26.叶基角度	急尖	五月鲜
	近直角	大久保
	钝尖	一线白
27.叶尖角度	小	五月鲜
	中	大久保
	大	早黄金
28.叶片颜色	黄绿	瑞光 18
	绿	大久保
	紫红	筑波 6 号
29.叶柄长度	短	西伯利亚 C
	中	京玉
	长	五月鲜

续表 7-16

性状	变异	参考品种
30. 叶柄蜜腺	无	洛林
	有	大久保
31. 蜜腺形状	圆形	Springtime
	肾形	大久保
32. 蜜腺大致数目	2 个	五月鲜
	大于 2 个	早艳
33. 果形(从腹面观察)	扁平形	早露蟠桃
	扁圆	红甘露
	圆	白凤
	卵圆	五月鲜
	椭圆	曙光
34. 果顶形状	显著突出	萝卜桃,深州蜜桃
	稍突出	晚蜜
	圆	白凤
	稍凹陷	雨花露
	显著凹陷	早露蟠桃
35. 果实对称性(从腹部观察)	不对称	早甜桃
	对称	大久保
36. 果实缝合线明显度	弱	白凤
	中	京玉
	强	一线红
37. 果实梗洼深度	浅	Robin,瑞蟠 2 号
	中	白凤
	深	大久保
38. 果实梗洼宽度	窄	五月鲜
	中	白凤
	宽	绿化 9
39. 果皮底色	淡绿	迟园蜜
	黄白	大久保
	白	五月鲜扁干
	浅黄	金橙
	深黄	金皇后

续表 7-16

性状	变异	参考品种
40.果实彩色	无 有	云暑1号 大久保
41.果实彩色	浅红 红 深红	雨花露 红甘露 绿化9号
42.果着色状态	晕 条纹 斑纹	雨花露 京春 哈维斯,早花露
43.果面绒毛	无 有	瑞光18 大久保
44.果面绒毛密度	少 中 多	早美 大久保 早黄金
45.果皮厚度	薄 中 厚	玉露 大久保 Carman
46.果皮剥离难易	不能 难 易	晚蜜 红甘露 白凤
47.果肉硬度	很软 软 中 硬 很硬	玉露 深州蜜桃 金童7号 大久保 京玉
48.果肉颜色	淡绿 白 黄白 黄 橙黄 红	红甘露 五月鲜扁干 白凤 金童7号 金皇后 一线红
49.果皮下花色苷	无或很少 少 多	京玉 京春 —

续表 7-16

性状	变异	参考品种
50. 果肉花色苷	无	砂子早生
	有	八月脆
51. 近核果肉花色苷	无或很少	早美
	少	秋蜜
	多	晚蜜
52. 果肉质地	纤维少	白凤
	纤维多	玉露
53. 核相对果实大小	小	玉露，瑞蟠 2 号
	中	京艳
	大	丽格兰特
54. 核形状(侧面观察)	扁平	早露蟠桃
	近圆	绿化 9 号
	椭圆	吊枝白
	倒卵圆	丽格兰特
	卵圆	白凤
55. 核褐色程度	轻	白凤
	中	京玉
	深	香蕉桃
56. 核表面核纹	小点	一线红
	大点	大久保
	沟	新疆桃
	点和沟	白凤
57 裂核倾向(采收高峰)	无或很低	Fairhaven
	低	Dixired
	中	Springgold
	高	Cardinal
	很高	Earlired
58. 核黏离性	黏	白凤
	半离	瑞光 7 号
	离	大久保
59. 核表面粗糙程度	平滑	深州蜜桃
	粗糙	张白 8 号

续表 7-16

性状	变异	参考品种
60.叶芽萌芽时间	很早	Sunred
	早	Springtime
	中	Redhaven
	晚	Genadix
	很晚	Philp
61.开花时间	很早	临白 7 号
	早	早花露
	中	大久保
	晚	砂子早生
	很晚	五月鲜
62.果实成熟时间	很早	早美
	早	庆丰
	中	大久保
	晚	京艳
	很晚	晚蜜
63.采前落果	无或很弱	Redhaven
	弱	Shasta
	中	Vesuvio
	强	Sudanell
	很强	Jeronimo
64.落叶时间	很早	春蕾
	早	兴津油桃
	中	大久保
	晚	吊枝白
	很晚	石林黄肉
65.低温需冷量	低	—
	中	—
	高	—

桃的气候适应性是指抗寒性、需寒量、开花期的综合表现情况；研究时这3者往往被分离开，事实上3者之间是相互影响的。一般经济栽培的桃品种，抗寒性往往较差。桃的抗寒性取决于抗寒能力获得的时间早晚、抗寒力获得的速率、抗寒力的强度、抗寒力持续时间的长短、抗寒力减弱的时期、抗寒力减弱的速率、抗寒力失去后重新获得的能力等因素。而对桃需寒量的评价，现多应用 Richardson 等(1974)提出的低温单位标准的模式，即温度在3～9℃范围内持续1 h为一个低温单位，16℃以上为负值；该法便于不同气候地区的相互比较。在开花期性状的评价上，桃以开花期晚为珍贵性状，因为晚开花类型可以避免晚霜危害。

桃的病虫害很多，据美国植病学会报道，桃有真菌和细菌病害24种、病毒类病害11种；线虫类虫害4类，有害昆虫及螨类30种。

20世纪90年代开始，分子标记技术作为一种有效的鉴定和评价资源的方法已经在桃种质资源研究中展开。Warburton 等用 RAPD 技术对来自不同国家的36个桃资源进行了遗传距离研究，发现美国桃的遗传多样性非常有限，而来自亚洲等地的桃资源具有丰富的遗传多样性。Yamamoto 等用10对 SSR 引物对冈山白以及不同类型的桃种质进行了标记研究，结果表明，冈山白和上海水蜜之间具有很近的亲缘关系，冈山白遗传了所有的上海水蜜的 SSR 位点，而不存在差异，说明上海水蜜极有可能就是冈山白的一个亲本；而几乎所有的日本栽培桃品种都是冈山白的后代，因此可以推断上海水蜜是日本桃的起源种质。此外，Badenes、Quarta、Badenes、Arus 等利用分子标记技术对西班牙、比利时、捷克等国的桃种质进行了遗传多样性分析。美国和欧洲核果类基因组联盟正在进行桃遗传图谱的构建。

3. 利用

世界许多国家利用桃种质，开展新品种选育和种质创新的工作，并取得了显著的成效。美国作为世界桃生产和研究的大国，在这方面的工作尤其突出。20世纪初，利用引自中国的上海水蜜，育成了许多优良品种，目前商品生产的大部分品种的亲缘关系均可追溯到上海水蜜；美国的 Nemaguard 抗南方根结线虫品种，占全美国桃栽培面积的95%以上；低需冷量品种已经极大地扩大了桃栽培南限，其种质皆来源于中国。此外，美国开展了柱型、普通型、直立型等不同树形以及窄叶桃的遗传研究和种质创新工作，并已获得了柱型、直立型且丰产、品质较好的后代，正进行生产试验，为桃树的高密度栽培提供了品种基础；获得了多种窄叶桃、油桃类型，丰富了观赏桃类型，也增加了桃树内膛的透光性，有利于内膛果实的着色，提高品质。意大利、法国、巴西等国也选育了大量的品种，在生产中推广应用。在种质资源的创新方面，发达国家具有较强的优势。1990—1996年美国申请专利桃新品种230个，意大利88个，而中国同期仅有34个。

二、樱桃

樱桃，英文名称 Cherry，学名 *Prunus* subgenus *cerasus* Mill.，植物分类学上隶属于蔷薇科李属樱桃亚属。樱桃为多年生落叶乔木，是主要的温带果树代表树种之一。

樱桃种质资源是指具有一定的遗传物质，在樱桃生产和育种上有利用价值植物（包括樱桃亚属植物的种、品种、类型及其近缘属植物）的总称。

（一）起源

Warkins(1976)认为樱桃亚属起源于中亚，甜樱桃、酸樱桃和草原樱桃起源较早，并向起源中心的西部进化，而樱桃亚属其他大部分种则向东部进化，亚属中矮生樱组的种起源较晚，并提供了亚属 *cerasus*、*amygdalus*、*prunophora* 的杂交桥梁。中国樱桃起源于我国的长江流域。樱桃亚属植物主要靠鸟类传播，并与鸟类协同进化，这可以解释为什么樱桃亚属植物分布广泛，并且种类繁多。

（二）传播

中国樱桃原产于中国，并在我国有较大规模栽培。17 世纪传入日本，仅在日本西部有少量栽培。

甜樱桃、酸樱桃经 2～3 世纪传入欧洲各地，并于 16～17 世纪大量栽培于德国、法国、英国等。17 世纪由移民传入美洲大陆，并在美国中西部广泛栽培。19 世纪中叶，从法国、美国传入日本。

樱桃传播路径见图 7-4。

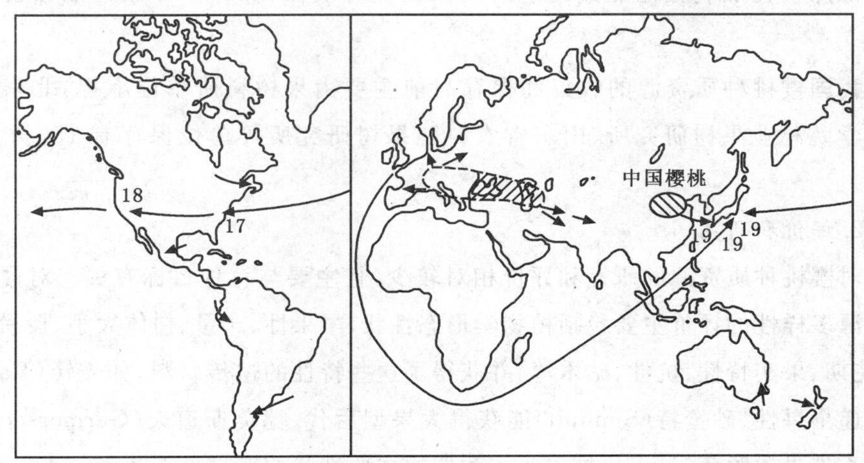

图 7-4 樱桃的起源传播示意图

（引自星川清亲著，段传德等译，《栽培植物起源与传播》，河南科学技术出版社）

(三)分类

樱桃亚属约有150个种,我国约有70个种。Koehne(1912)将樱桃亚属分为典型樱和矮生樱2个群,每群分2组,共17个亚组。俞德俊等(1986)参考Koehne(1912)的分类系统将樱桃属分为11个组,分别是总状组、伞状组、芽鳞组、小苞组、圆叶组、重齿组、细齿组、黑果组、矮生樱组、管萼组、钟萼组。被欧美大多学者所认可的是Rehder(1974)分类,他将樱桃亚属分为7个组,分别是*Microcerasus* Webb,*Pseudocerasus* Koehne,*Lobopatulum* Koehne,*Cerasus* Koehne,*Mahaleb* Focke,*Phyllocerasus* Koehne,*Phyllomahaleb* Koehne。

(四)收集、保存、评价、研究和利用

1.收集和保存

在欧洲,樱桃种质资源的收集主要由育种单位承担。1983年,欧洲作物遗传资源保存和交换合作项目要求欧洲各国在樱桃种质资源收集和评价方面重点收集各自不能商业化的和地方的种质资源,尤其是城市化进程和种质流失快的地区;然后根据统一的樱桃种质资源描述符进行描述。目前,欧洲主要樱桃育种项目所保存的种质资源数量在150～400份,包括甜樱桃、酸樱桃、草原樱桃及其近缘种。俄罗斯保存有世界上最多的酸樱桃和草原樱桃种质资源。美国樱桃种质资源库设在加利福尼亚戴维斯的国家无性种质圃,保存300余份甜樱桃和酸樱桃。

我国樱桃种质资源的收集和保存目前主要由果树科研单位承担,北京市农林科学院林业果树研究所、山东省农科院果树研究所等单位保存有150个品种左右。

2.评价和研究

对樱桃种质资源的研究和评价相对较少,且主要与育种目标有关。对樱桃种质资源多样性的评价主要包括植物学形态性状、早果性、产量、树体大小、授粉亲和性、花期、果实特性、抗性、砧木等,并获得了这些特性的遗传材料,如先锋(Van)能够传递早果性、砂蜜特(Summit)能获得大果型后代、德莫斯道夫(Germersdorfer)果实不带果梗脱落,易于机械采收。甜樱桃主要性状的变异见表7-17。

表 7-17　甜樱桃主要性状的变异

性状	性状分类	参考品种
1. 树体：类型	普通型	红灯(Hongdeng)、伯兰特(Burlat)
	紧凑型	短枝型斯坦拉(Compact stella)
2. 树体：树势	极弱	Sylvia
	弱	红蜜(Hongmi)
	中	佳红(Jiahong)
	强	海德芬根(Hedelfinger)、先锋(Van)
	极强	红灯(Hongdeng)
3. 树体：习性	非常直立	红灯(Hongdeng)、拉宾斯(Lapins)
	直立	伯兰特(Burlat)
	中	海德芬根(Hedelfinger)、先锋(Van)
	开张	佳红
	下垂	
4. 树体：分枝能力	弱	红灯(Hongdeng)
	中	海德芬根(Hedelfinger)、先锋(Van)
	强	红蜜(Hongmi)
5. 一年生枝条：皮孔数目	少	萨姆(Sam)、雷尼(Rainier)
	中	海德芬根(Hedelfinger)、先锋(Van)
	多	萨米脱(Summit)
6. 一年生枝条：芽与枝条位置	紧贴	考特(Colt)
	分离	萨姆(Sam)、雷尼(Rainier)
	显著分离	佳红(Jiahong)、海德芬根(Hedelfinger)
7. 树体：多年生枝条颜色	浅褐	佳红(Jiahong)
	褐	先锋(Van)
	深褐	红灯(Hongdeng)
8. 芽：萌芽期	早	红蜜(Hongmi)、拉宾斯(Lapins)
	中	红灯(Hongdeng)、伯兰特(Burlat)
	晚	萨米脱(Summit)
9. 新梢：梢尖颜色深浅	浅	萨姆(Sam)、对樱
	中	红灯(Hongdeng)
	深	吉塞拉(Gisela)

续表 7-17

性状	性状分类	参考品种
10.叶:叶片长度	短	红蜜(Hongmi)
	中	那翁(Napoleon)
	长	红灯(Hongdeng)、伯兰特(Burlat)
11.叶:叶片宽度	窄	红蜜(Hongmi)、海德芬根(Hedelfinger)
	中	雷尼(Rainier)
	宽	萨米脱(Summit)
12.叶:叶片长宽比	小	那翁(Napoleon)
	中	雷尼(Rainier)
	大	海德芬根(Hedelfinger)
13.叶:叶片颜色	浅	红艳(Hongyan)
	中	佳红(Jiahong)、那翁(Napoleon)
	深	红灯(Hongdeng)、伯兰特(Burlat)
14.叶:叶柄长度	短	先锋(Van)
	中	萨姆(Sam)
	长	养老(Elton)、红蜜(Hongmi)
15.叶:叶柄长/叶片长	小	那翁(Napoleon)
	中	伯兰特(Burlat)、萨姆(Sam)
	大	养老(Elton)
16. 叶柄:蜜腺有无	无	
	有	红灯(Hongdeng)
17.叶柄: 蜜腺大小	小	红蜜(Hongmi)
	中	先锋(Van)、萨米脱(Summit)
	大	红灯(Hongdeng)
18. 叶柄:幼叶蜜腺颜色	浅黄	
	黄	
	红	伯兰特(Burlat)、雷尼(Rainer)
	暗红	红灯(Hongdeng)、萨米脱(Summit)
	紫	
19.叶:叶片平展度	皱褶	
	平展	红灯

续表 7-17

性状	性状分类	参考品种
20. 花：花蕾颜色	白	佳红(Jiahong)、雷尼(Rainier)
	粉红	红灯(Hongdeng)
	红	伯兰特(burlat)
21. 花：花冠直径	小	先锋(Van)、雷尼(Rainier)
	中	红灯(Hongdeng)、伯兰特(Burlat)
	大	
22. 花：花瓣形状	圆	雷尼(Rainier)
	宽椭圆	红灯(Hongdeng)、海德芬根(Hedelfinger)
	椭圆	伯兰特(Burlat)、艳阳(Sunburst)
23. 花：花瓣相对位置	分离	伯兰特(Burlat)
	邻接	红蜜(Hongmi)、先锋(Van)
	重叠	
24. 果实：大小	极小	
	小	红蜜(Hongmi)
	中	红艳(Hongyan)、海德芬根(Hedelfinger)
	大	雷尼(Rainier)
	极大	萨米脱(Summit)
25. 果实：形状	肾形	红灯(Hongdeng)、先锋(Van)
	扁圆	伯兰特(Burlat)
	圆	艳阳(Sunburst)
	长圆	海德芬根(Hedelfinger)
	心形	萨米脱(Summit)
26. 果实：果顶	尖	
	平	先锋(Van)、海德芬根(Hedelfinger)
	凹	雷尼(Rainier)
27. 果实：颜色	黄	13～33
	黄底红晕	佳红(Jiahong)、那翁(Napoleon)
	橘红	
	浅红	宇宙
	红	8～102
	深红	艳阳(Sunburst)
	暗红	红灯(Hongdeng)、伯兰特(Burlat)
	黑	斯坦拉(Stella)、先锋(Van)

续表 7-17

性状	性状分类	参考品种
28.果实:果皮皮孔大小	小 中 大	海德芬根(Hedelfinger) 红蜜(Hongmi) 萨米脱(Summit)
29.果实:果皮皮孔数目	少 中 多	伯兰特(Burlat) 雷尼(Rainer) 萨米脱(Summit)
30.果实:汁液颜色	无 乳黄 粉红 红 紫红	佳红(Jiahong) 那翁(Napoleon)、雷尼(Rainier) 萨米脱(Summit) 红灯(Hongdeng)、萨姆(Sam) 海德芬根(Hedelfinger)
31.果实:果肉颜色	乳白 黄 粉红 红 暗红	那翁(Napoleon) 红蜜(Hongmi)、佳红(Jiahong) 萨米脱(Summit) 红灯(Hongdeng)、海德芬根(Hedelfinger) 伯兰特(Burlat)、先锋(Van)
32.果实:硬度	软 中 硬	红蜜(Hongmi) 那翁(Napoleon) 先锋(Van)
33.果实:酸度	低 中 高	那翁(Napoleon) 红灯(Hongdeng) 先锋(Van)
34.果实:甜度	低 中 高	 伯兰特(Burlat) 红蜜(Hongmi)
35.果实:汁液多少	少 中 多	海德芬根(Hedelfinger)、拉宾斯(Lapins) 红灯(Hongdeng)、雷尼(Rainier) 芝罘红(Zhifuhong)
36.果实:果柄长度	极短 短 中 长 极长	先锋(Van) 伯兰特(Burlat) 红蜜(Hongmi)、海德芬根、(Hedelfinger) 佳红(Jiahong) 芝罘红(Zhifuhong)

续表 7-17

性状	性状分类	参考品种
37.果实:果柄的离层	无	伯兰特(Burlat)、艳阳(Sunburst)
	有	先锋(Van)、萨米脱(Summit)
38.果实:果柄粗细	细	海德芬根(Hedelfinger)、那翁(Napoleon)
	中	艳阳(Sunburst)
	粗	红灯(Hongdeng)、先锋(Van)
39.果核:大小	小	海德芬根(Hedelfinger)、雷尼(Rainier)
	中	伯兰特(Burlat)
	大	红灯(Hongdeng)
40.果核:形状	长椭圆	红蜜(Hongmi)、那翁(Napoleon)
	椭圆	佳红(Jiahong)、萨米脱(Summit)
	近圆	红灯(Hongdeng)、先锋(Van)
41.果核:与果实相对大小	小	先锋(Van)、雷尼(Rainier)
	中	红灯(Hongdeng)、海德芬根(Hedelfinger)
	大	伯兰特(Burlat)、那翁(Napoleon)
42.花:花期	极早	红蜜(Hongmi)
	早	拉宾斯(Lapins)、雷尼(Rainier)
	中	那翁(Napoleon)、先锋(Van)
	晚	萨米脱(Summit)
	极晚	
43.果实成熟期:	极早	
	早	红灯(Hongdeng)、伯兰特(Burlat)
	中	那翁(Napoleon)
	晚	海德芬根(Hedelfinger)、拉宾斯(Lapins)
	极晚	甜心(Sweetheart)

续表 7-17

性状	性状分类		参考品种
44. 授粉亲和群组（S 基因型）：	自交不亲和	S1S2	萨米脱（Summit）
		S1S3	先锋（Van）
		S1S4	雷尼（Rainier）
		S3S4	那翁（Napoleon）
		S3S5	海德芬根（Hedelfinger）
		S3S6	红蜜（Hongmi）
		S3S9	伯兰特（Burlat）、红灯（Hongdeng）
		S4S6	佳红（Jiahong）
		S4S9	巨红（Juhong）
		其他	
	自交亲和	—S4′	斯坦拉（Stella）
		其他	

（撰写人　桃：姜全　赵剑波　樱桃：张开春　闫国华　张晓明　周宇）

第四节　浆果类果树种质资源学

一、葡萄

葡萄，英文名称 Grape，学名 *Vitis* spp.，植物分类学上隶属于葡萄科葡萄属。葡萄为多年生落叶藤本植物，是主要的温带果树代表树种之一。

葡萄种质资源是指具有一定的遗传物质，在葡萄生产和育种上有利用价值植物（包括葡萄属植物的种、杂种、品种、类型等）的总称。

（一）起源

全世界葡萄植物有 70 余种，主要起源于亚洲、欧洲和美洲。

葡萄是最古老的显花植物之一。据古生物学对化石的研究判定：在上白垩纪时期中，曾有过叶型极似葡萄的植物；在第三纪时期，已找到了葡萄叶片和种子的化石，并推断当时原始类型的葡萄已遍及欧亚两洲的北部和格陵兰。第三世纪最后期（上鲜新世）在欧洲出现了 *V. vinifera* ssp. *silvestris* Gmel。冰河时期来临后，所有分布于北欧的葡萄种都遭灭绝，只剩下生长在北欧南部的 *V. silvestris*，即现在普遍栽培的欧洲种（*V. vinifera* L.）的始祖。

在北美和东亚，由于冰河侵袭范围较小，使第三纪保存下来的种一直延续至今，成为当今丰富的美洲和东亚葡萄种群。

现代葡萄不同种的形成，是在大陆分离和冰河的影响下，适应新的生态环境要求的演化结果。

(二)传播

欧洲葡萄(*V. vinifera* L.)最早的发源地为里海、黑海和地中海沿岸地区，早在5 000～7 000年前，南高加索及中亚细亚、叙利亚、伊拉克等地已有栽培，并传入埃及。公元前7世纪由埃及传至希腊，并于公元前经罗马传到法国和西班牙等地，一部分传至中亚细亚、波斯、阿富汗等地，再传至东亚。公元前110年汉武帝时，张骞出使西域带回欧亚栽培葡萄植物，使葡萄传入我国。印度是经阿富汗克什米尔地区传播的。日本则在镰仓时代初期(1186)，从我国引种葡萄种子到甲州，从江户时代起就以甲州葡萄著称。到了18～19世纪，葡萄传入南非、澳大利亚、新西兰、朝鲜等国。在17世纪，欧洲葡萄被引入美洲大陆，西部洛杉矶山脉以西、特别是加利福尼亚州成为世界著名的葡萄产区。

美洲葡萄(*V. labrusca* L.)起源并野生于北美，在17世纪经移民栽培和驯化，同时传入欧洲，并在以后挽救欧洲葡萄遭受根瘤蚜侵害的危机中发挥了巨大的作用(图7-5)。

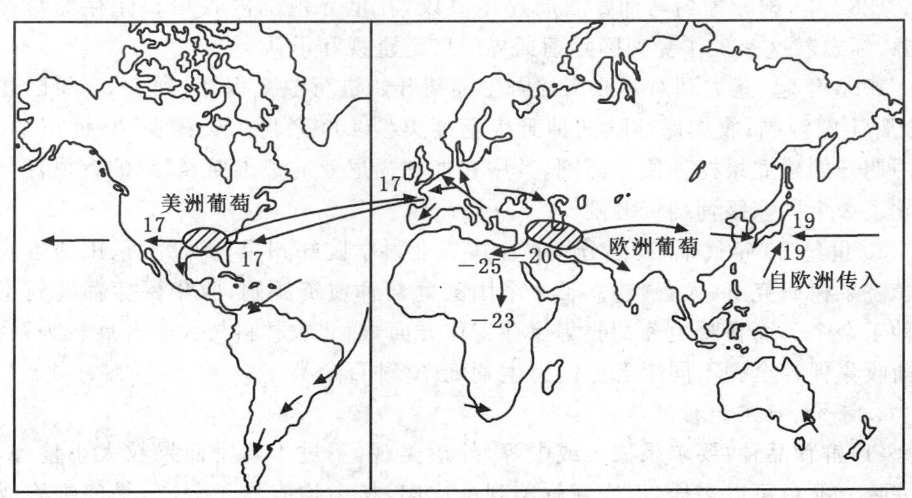

图7-5　葡萄的起源传播示意图

(引自星川清亲著，段传德等译，《栽培植物的起源与传播》，河南科学技术出版社)

东亚葡萄种类最为丰富，但利用范围一直局限于采集野生阶段。到 20 世纪初，前苏联园艺学家米丘林，首先开始注意到本种群山葡萄(*V. amurensis* Rupr.)抗寒性的利用。20 世纪 50 年代初我国育种者利用山葡萄与欧洲葡萄杂交获得了一批抗性较强的优良品种，推广面积最大的有"北醇"等品种。

(三)分类

葡萄属植物属于葡萄科(Vitaceae)，在这一科中共有 13 个属，而唯有葡萄属经济价值最大。

葡萄属(*Vitis*)最先由林奈(Carl Linne)在 1737 年发表的《植物属志》中确立，但关于该属究竟包含哪些种类却是一个有争议的问题。

1803 年 Planchon 将葡萄属分为真葡萄亚属(*Euvitis* Planch)和圆叶葡萄亚属(*Muscadinia* Planch)，这一分法得到许多学者的承认，并在日后一些权威性园艺书籍中普遍采用。

但到了 20 世纪初，Small(1913)认为，应将真葡萄和圆叶葡萄分作两个独立的属，即葡萄属(*Vitis* L.)和圆叶葡萄属(*Muscadinia* Small.)，这一方法也受到许多学者的支持。

(四)收集、保存、评价、研究和利用

1. 收集和保存

1982 年，国际葡萄与葡萄酒局提出决议，在世界范围内收集和保存葡萄种质资源，标志着这一工作受到国际葡萄界的广泛重视和承认。

1983 年起，意大利对其原产的野生葡萄开始进行收集保存，到 1989 年已建立 2 个野生资源圃，收集保存欧洲种野生葡萄类型 400 余份。美国在 20 世纪 70 年代中期开始建立果树种质资源圃，其中在加利福尼亚的戴维斯、纽约的吉尼瓦分别建立了 2 个国家级葡萄资源圃。

20 世纪 80 年代末，我国分别在中国农业科学院郑州果树研究所、山西省农业科学院果树研究所(太谷)建立了 2 个国家葡萄种质资源圃，收集保存葡萄属不同品种千余个。而在野生葡萄收集保存工作方面，西北农林科技大学开展较为系统，目前收集保存全国不同生态型的野生葡萄 30 种百余类。

2. 评价、研究和利用示例

(1)鲜食品种：要求果穗大或中等，外形美观，不过于紧密而果粒大小整齐，成熟一致。颜色可以多样，但应新鲜美观。皮肉、核肉均应易于分离，果肉细脆或软而多汁，最好有芳香味；风味应酸甜可口，以甜为主，含糖量 15%～20%以上，含酸量 0.7%左右。同时，鲜食品种应有一定的耐储运能力，短期储运后不变质，果梗与果肉不分离。生产中的优良鲜食品种有牛奶、葡萄园皇后(Queen of Vineyard)、莎巴珍珠、玫瑰香(Muscat Hamburg)、巨峰等。

(2)酿酒品种:葡萄酒可以大体分为两类,佐餐葡萄酒(table wine)和甜葡萄酒(dessert wine)。佐餐葡萄酒所含酒精量低于14%,很少含有或不含有未发酵的糖,所以又称"干酒"(dry wine)。生产这种酒的葡萄要求有中等含糖量(16%~22%),中等或较高含酸量(0.83%~1.14%),出汁率高,有清香味。

甜葡萄酒含有14%以上的酒精,通常为17%~20%。这种酒大都含有中等或较多的未发酵葡萄糖。生产这种酒的葡萄要求含糖量高(22%~36%),含酸量低(0.4%~0.7%),香味浓,红酒要求色泽浓艳。优良的白葡萄酒酿造品种有雷司令、长相思(Sauvignon Blanc)、白羽(Ракцителй)、白雅(Баяящцрей)等;优良的红葡萄酒酿造品种有黑比诺、品丽珠、赤霞珠、法国兰(Blue French)、晚红蜜等。

(3)制干品种:要求含糖量高、含酸量低、果肉硬、含水量少,干燥后果肉保持柔软,色泽均匀、皱纹细密,贮藏期不粘连;最好是无核品种。世界著名的制干品种有无核白(Thompson Seedless)、黑柯斯林(Black Corinth)、白玫瑰香(Muscat of Alexandria)。我国北京植物园育成的无核品种京早晶,也可作为制干品种。有核葡萄也可作为制干品种,但需用机器去核。

(4)制汁品种:要求出汁率高,甜酸适度,含糖量18%~20%,含酸量0.5%~0.6%,有一定香味。果汁颜色鲜艳,易于澄清,保存后风味不变。含有美洲葡萄味道的品种,适合巴斯德高温灭菌法,如康可、康拜尔等;而欧洲葡萄雷司令、沙斯拉等适合非巴斯德灭菌法,如超过滤法生产工艺。

(5)制罐制浆品种:要求果大肉厚、汁少,无核或种子小,有香味。常用的品种有无核白、白玫瑰、白莲子、京早晶、无核红和牛奶等。

二、猕猴桃

猕猴桃,英文名称Kiwifruit,学名*Vitis* spp.,植物分类学上隶属于猕猴桃科猕猴桃属。猕猴桃为多年生落叶藤本植物,是主要的温带果树代表树种之一。

猕猴桃种质资源是指具有一定的遗传物质,在猕猴桃生产和育种上有利用价值植物(包括猕猴桃属植物的种、杂种、品种、类型等)的总称。

(一)起源

猕猴桃原产于中国,野生于我国南北各地山区,其中以中华猕猴桃分布最为广泛。猕猴桃属分布于亚洲温带到亚热带,北自库页岛、日本,南到越南、印度尼西亚,而以中国西部种类最多,是本属的分布中心。

(二)传播

原产我国的猕猴桃,在1900年后陆续引种到英国、法国、美国和新西兰,以新西兰引种最为成功，其从大量实生苗中选出一些优良株系，经繁殖、推广、出口，控制着猕猴桃的国际市场。

(三)分类

猕猴桃(kiwifruit)为猕猴桃科(Actinidiaceae)猕猴桃属(*Actinidia* Lindl.)攀缘灌木植物种群，有 52 种。根据茎叶是否被毛和果实结构，本属分为以下 4 组：

1. 刚毛组

本组约有 11 种，糙叶猕猴桃(*A. rudis* Dunn)、糜状猕猴桃(*A. rubus* Levl.)、全毛猕猴桃(*A. holotricha* Finet et Gegnep)、蒙自猕猴桃(*A. henryi* Dunn)、沙巴猕猴桃(*A. petilotii* Diels)均产于云南；美丽猕猴桃(*A. melliana* Hand.-Mazz.)产于华中、华南；长叶猕猴桃(*A. hemsleyana* Dunn)产于华东；葡萄叶猕猴桃(*A. uitifolia* G. Y. Wu)产于西南；肉叶猕猴桃(*A. carnesifolia* G. Y. Wu)产于华南、西南；台湾猕猴桃(*A. arisanensis* Hayata)产于台湾。

2. 光果组

本组约有 9 种，狗枣猕猴桃、葛枣猕猴桃、软枣猕猴桃，均产自东北、华北至西南；四萼猕猴桃、黑蕊猕猴桃(*A. melanandra* Franch.)产于西北、西南；对萼猕猴桃(*A. valvata* Dunn)产于华东、中南；海滨猕猴桃(*A. maloides* Li)和紫果猕猴桃(*A. purpurea* Rehd.)产于西南；广西猕猴桃(*A. kwangsiensis* Li)产于广西。

3. 斑果组

本组约有 13 种，毛蕊猕猴桃(*A. trichogyna* Franch.)产于四川；薄叶猕猴桃(*A. leptophylla* G. Y. Wu)、粉叶猕猴桃(*A. glauco-callosa* G. Y. Wu)、疏毛猕猴桃[*A. pilosula* (Finer et Gagn.) Stapf. Ex Hand.-Mazz.]均产自云南；光叶猕猴桃(*A. glabra* Li)和歪叶猕猴桃(*A. asymmetrica* F. Chun)均产于广西；革叶猕猴桃[*A. rubricaulis* Dunn var. *coriacea* (Finet et Gagnep.) C. F. Liang]、显脉猕猴桃、条叶猕猴桃[*A. fortunatii* Finet et Gegn.]和中越猕猴桃(*A. indochinensis* Merr.)均产于西南各省(区)；硬齿猕猴桃、红茎猕猴桃(*A. rubicaulis* Dunn)和线叶猕猴桃(*A. sabiaefolia* Dunn)产于长江以南。

4. 星毛组

本组约有 8 种，中华猕猴桃(*A. chinensis* Planch.)、美味猕猴桃[*A. deliciosa* (Cheval) C. F. Liang et A. R. Ferguson]、毛花猕猴桃、小叶猕猴桃(*A. lanceolata* Dunn)和阔叶猕猴桃[*A. latifolia* (Gardn. et Ghamp.) Merr.]均产于长江以南；黄毛猕猴桃(*A. fulvicoma* Hance)产于华南、西南；红毛猕猴桃(*A. rufotricha* G. Y. Wu)、栓叶猕猴桃(*A. suberifolia* G. Y. Wu)和贡山猕猴桃(*A. kungshanensis* G. Y. Wu)均产自云南。

三、柿

柿，英文名称 Persimmon，学名 *Diospyros kaki* Thunb.，植物分类学上隶属于柿树科柿属。柿为多年生落叶乔木，是主要的温带果树树种之一。

柿种质资源是指具有一定的遗传物质，在柿子生产和育种上有利用价值植物（包括柿属植物的种、杂种、品种、类型等）的总称。

（一）起源

栽培柿（*D. kaki*）原产于中国，栽培历史当为 2 000 余年。这里需要说明的是，我国学者认为柿原产我国长江流域或西南地区，而日本学者则认为柿原产东亚，包括中国、日本和朝鲜半岛在内。在日本和朝鲜半岛也确有野生柿的自然分布，但究竟是否是纯野生（当地）的依然尚未定论。

（二）传播

柿是由野柿（*D. kaki* var. *sylvestris*）经人类长期选育而成，并以西南为中心向东北、西北和东南传播。

日本的栽培柿是直接或通过朝鲜半岛从中国引进的。日本 7 世纪时有柿树栽植，10 世纪时有杭果利用的记载，17 世纪以后才得到迅速发展。18 世纪后期，柿树被引入欧洲；19 世纪后期，柿树从日本传入美洲大陆；近代，巴西、以色列、智利、新西兰、澳大利亚等国多由移民带入柿树，开始生产。

（三）分类

全世界的柿属（*Diospyros* spp.）植物共 190 种左右，主要分布在亚洲、尤其是东亚。

我国原产柿属植物约 15 种，其中作果树栽培的仅普通的柿一种，其次为砧木用的君迁子和专取柿油用的油柿，此外尚有数种可作砧木之用。

柿品种可分成甜柿和涩柿 2 大类。完全甜柿不论果实有无种子，均能自然脱涩成为甜柿，但果肉内常形成少量褐斑，如富有、次郎、伊豆、骏河等以及我国的罗田甜柿。不完全甜柿如西村早生、禅柿丸、正月等；我国迄今未发现有不完全甜柿品种。完全涩柿不论果实有无种子，均不能自然脱涩，果肉内也不形成褐斑，如西条、堂上蜂屋等以及我国的绝大多数柿品种；我国尚未发现有不完全涩柿品种的存在。我国涩柿的主要栽培品种有磨盘柿、火晶柿、镜面柿、博爱八月黄、托柿、小萼子、疏通县牛心柿、绵瓤柿、鸡心柿、橘蜜柿、七月糙以及广西恭城水柿、云南文山火柿、福建安溪油柿和广东花县大红柿等。

四、石榴

石榴，英文名称 Pomegranate，学名 *Punica granatum* L.，植物分类学上隶属于石榴科石榴属。石榴为多年生落叶小乔木，是主要的温带果树树种之一。

石榴种质资源是指具有一定的遗传物质，在石榴生产和育种上有利用价值植物（包括石榴属植物的种、杂种、品种、类型等）的总称。

（一）起源

石榴原产于前苏联、伊朗、阿富汗等中亚地区，在阿塞拜疆以及格鲁吉亚尚有大面积的野生丛林。

（二）传播

古代石榴由叙利亚传到埃及，迦太基人于希腊时代将石榴传到欧洲，由移民从欧洲传到美国及南美洲。

汉时张骞出使西域，将石榴带入中国。日本石榴自中国传入。

（三）分类

石榴为石榴科石榴属的植物，全属有两种，但作果树栽培的仅石榴（*Punica granatum* L.）一种。

石榴品种分类一般根据果汁风味，区别为酸、酸甜和甜 3 类；此外，也用成熟期的早晚，或果皮颜色，分为红皮、青皮、黄皮等 3 类。

五、醋栗属

（一）起源

醋栗属植物主要分布在北半球寒带和温带，约有 150 种以上，我国已有记录者约 40 种。欧洲黑穗醋栗（Black gooseberry）原产欧洲和中亚细亚，栽培悠久，抗寒、喜湿，多数黑穗醋栗的品种源于此种。美洲醋栗（American gooseberry）原产美洲中南部。

（二）分类

醋栗属植物多数为落叶灌木，少数为半常绿。

本属分类有的植物学家划分为两个独立属，有的植物学家划分为一个属的两个亚属，即：

1. 茶藨亚属（穗状醋栗亚属）

主要种有欧洲红穗醋栗（*R. sativum* Syme.）、欧洲黑穗醋栗（黑果茶藨，*R. nigrum* L.）、红穗醋栗（*R. rubrum* L.）、石生穗醋栗（石生茶藨，*R. petraeum* Wulf.）、水葡萄穗醋栗（*R. procumbens* Pall.）、东北穗醋栗（*R. mandshuricum*

Komarov)、香穗醋栗(*R. odortum* Wendl.)等。

2.醋栗亚属

主要种如野生刺果茶藨(*R. burejense* Fr. Schmidt)、欧洲醋栗(*R. reclinatum* L.)、美洲醋栗(*R. hirtellum* Michx.)等。

(撰写人　牛立新)

第五节　干果类果树种质资源学

干果泛指含水分较少的坚果果实或种子以及经过晾晒、烘干使其含水量减少的鲜果干制品。干果是相对于水果而言的,目前尚没有关于区分干果与水果的水分含量界限,通常干果的水分含量都在30%以下。

一、枣

(中国)枣,英文名 Chinese jujube 或 Chinese date,学名 *Ziziphus jujuba* Mill.,是鼠李科植物中最重要的栽培果树,同时也是我国第一大干果树种。植物分类学上属于鼠李科枣属。

(一)起源

关于枣的起源地,一种观点认为枣起源于我国,另一种观点是多起源说。河北农业大学通过对出土的炭化枣核、叶化石、古文献及古枣树和古酸枣树的考证,结合对枣和酸枣现有分布等的综合分析,确认了枣原产我国,黄河中下游一带是枣的原产地和最早的栽培中心。

(二)传播

(1)中国国内:我国的枣树栽培史至少在3 000年以上,最早栽培于陕晋黄河中游夹谷地带,渐及下游。春秋时代,枣的栽培已经遍及陕、晋、冀、鲁、豫一带;到明代,枣树栽培已遍及全国。在历史上形成了冀、鲁、豫、晋、陕5大栽培中心,辽宁的枣树多从河北、山东引进,内蒙古的枣树主要引自山西,宁夏、青海,新疆的枣树最早引自陕西、甘肃,南方的枣树多引自北方。

(2)世界范围:枣树都是直接或间接从我国引入的。古代的枣从我国首先传入邻国,如朝鲜、俄罗斯、阿富汗、印度、巴基斯坦及日本等。约1世纪初传到亚洲西部,经伊朗、叙利亚传入地中海沿岸国家,如意大利等国。1837年美国从欧洲引入中国小枣,1908年从我国引入更多的枣树品种。

(三)主要品种和近缘种

全国现有枣树品种750多个,按用途分为制干、鲜食、蜜枣、兼用和观赏5类。主要栽培品种有冬枣、临猗梨枣、金丝小枣、圆铃、婆枣、灰枣、相枣、长红枣、赞皇大枣、板枣、骏枣、义乌大枣、宣城圆枣等。

主要的近缘种有酸枣(*Z. acidojujuba* C. Y. Cheng et M. J. Liu-*Z. spinosa* Hu)和毛叶枣(*Z. mauritiana* Lam.)。

二、核桃

核桃,英文名 Walnut,学名 *Juglans regia* L.,植物分类学上属于胡桃科核桃属。

(一)起源

核桃原产于欧洲东南部、西亚的波斯地区。

近年来,考古学家在河北省武安县磁山村发现了距今7 355±100年的炭化核桃,在距今6 000年的西安半坡村原始氏族公社部落遗址中发现了核桃孢粉,中国科学院(1966—1968)在西藏聂聂雄拉湖相沉积中发现了丰富的核桃和山核桃孢粉。这些考古发现表明,我国也是世界核桃原产中心之一。

(二)传播

星川清亲总结了核桃的传播途径,在此予以引用(图7-6)。

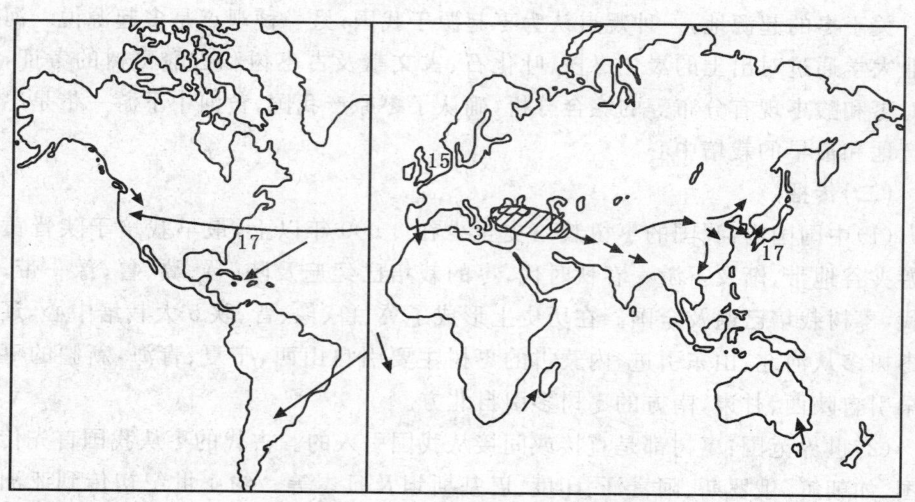

图7-6 核桃的起源传播示意图

(三)主要品种和近缘种

我国核桃栽培历史悠久,种质资源极为丰富,有 4 000 多个农家品种。我国栽培的核桃品种分早实和晚实两个类型;其中,早实核桃优良品种有温 185、扎 343、辽宁 1 号、辽宁 4 号、鲁光、香玲、薄丰、薄壳香、中林 1 号、中林 3 号、中林 5 号、西扶 1 号、西林 2 号等,晚实核桃优良品种有晋龙 1 号、晋龙 2 号、清香等。

我国栽培的核桃主要近缘种有泡核桃(*Juglans sigillata* Dode)、黑核桃(*Juglans nigra* L.)、山核桃(*Carya cathayensis* Sarg.)和薄壳山核桃(*Carya illinoensis* K. Koch.)等。

三、板栗

板栗,英文名 Chinese chestnut,学名 *Castanea mollissima* Bl.,植物分类学上属于山毛榉科(壳斗科)栗属。

(一)起源

板栗起源于我国,栽培历史悠久。研究表明,长江流域板栗居群的遗传多样化程度高于华北和西北实生板栗居群,分析认为中国板栗可能起源于长江中下游(神农架)和西南地区。

据西安半坡村遗址中发掘出的大量炭化栗实分析,远在 6 000 年前栗实已被我国先民作为食物加以利用。我国板栗栽培的历史可追溯到西周时期。

(二)传播

中国板栗除主要在国内大多省份种植外,其主要传播地为日本、朝鲜等远东地区。

(三)主要品种和近缘种

根据板栗品种的主要园艺性状和地域分布,可分为华北、东北、西北、长江流域和西南、东南 6 大品种群,包括 300 多个品种。

板栗的主要优良栽培品种有燕山短枝、遵化短刺、东陵明株、燕山红栗、沂蒙短枝、莱西大板栗、蒙山魁栗、豫板栗 2 号、青毛软刺、短毛焦刺、处署红、它栗、云腰、云早、镇安大板栗等。中国板栗珍稀类型丰富,利用前景广阔。如"无花栗"、"双季栗"可用来进行高产品种的选育,"垂枝栗"可用来培育出新型的食用、观赏兼用栗。

栗属植物有 7 个种,广泛分布于北半球温带的广阔地域。我国分布有 4 个种,除板栗(*C. mollissima* Bl.)外,茅栗(*C. segunii* Dode)和锥栗(*C. henryi* Rehder et Wils)主要野生分布于长江以南地区,日本栗(*C. crenata* Sieb et Zucc)集中栽培于辽宁丹东和山东文登。

四、仁用杏

杏,英文名 Apricot,学名 *Prunus armeniaca* L.,植物分类学上属于蔷薇科杏属。

(一)起源

杏原产我国,远在 2 600 多年前的春秋时代就已有关于杏树的记载。仁用杏是杏树栽培过程中根据果实主要用途逐渐独立出来的栽培类型,其半野生栽培历史很长,但集约栽培历史还不足百年。

(二)传播

杏于公元前 1～2 世纪自我国先传至波斯(今伊朗),经亚美尼亚于 1 世纪传入古希腊。17 世纪后叶传入北美,其后由西班牙基督教牧师传入美国加利福尼亚州。19 世纪后杏才传入非洲、南美和大洋洲。

(三)主要品种和近缘种

我国杏种质资源十分丰富。据王玉柱等统计,我国现有地方农家杏品种(类型)3 000 余个,其中仁用杏类的"大扁杏"品种有 30 余个。我国是世界上唯一栽培"大扁杏"仁用杏的国家。

目前,生产上栽培的仁用杏主要是大扁杏,主要优良品种有龙王帽、一窝蜂、柏峪扁、优一、长城扁、实优 1 号等。

杏属主要包括"大扁杏"和生产苦杏仁的西伯利亚杏(*Amygdalus sibirica* Lam.)、辽杏[*A. mandshurica* (Maxim.) Skv.]、藏杏[*A. holosericea* (Batal.) Kost.]、志丹杏(*A. zhidanensis* Qiao et Zhu)、洪坪杏(*A. hongpingensis* Tii et Li)和普通杏(*A. vulgaris* Lam.)野生类型的各种山杏。

五、扁桃

扁桃,英文名 Almond,学名 *Amygdalus communis* L.,植物分类学上属于蔷薇科桃属。

(一)起源

扁桃起源于中亚细亚,原产地属干旱、半干旱内陆地区,为大陆型气候。早在公元前约 4 000 年,伊朗、土耳其等国便开始了扁桃的驯化栽培,至今已有 6 000 年的栽培历史。

(二)传播

扁桃首先从约旦等西亚起源地传入欧洲的希腊。公元前 450 年,扁桃从希腊传到了罗马及地中海沿岸各国。18 世纪传入美洲大陆;19 世纪后期,美国开始扁桃的大规模商品化栽培。

我国引种扁桃的记载始于唐朝,经丝绸之路引种长安,沿途在我国新疆、甘肃、宁夏、陕西均曾栽培过,后因战乱及内地湿度过高而在关内几乎绝迹。

(三)主要品种和近缘种

扁桃全世界约有 40 个种,在我国有 6 个种。具有经济意义和栽培价值的只有普通扁桃种。唐古特扁桃(*A. tangutica* Batal.),可供观赏和作栽培扁桃的矮化砧。蒙古扁桃(*A. mongolica* Moxim.),抗寒抗旱,可供观赏,并可作育种材料和矮化砧。长柄扁桃(*A. pedunculata* Pall.),耐旱、抗寒,可用于杂交育种材料并可作观赏树和矮化砧。矮扁桃(*A. ledebouriana* Schlecht.),抗寒力强,可作栽培种的矮化砧木和育种材料。榆叶梅[*A. triloba*(lind1)Ricker],可供观赏用。

目前新疆主产区栽培的扁桃品种有纸皮、双果、多果、双软、晚丰、鹰咀、克西、双薄、寒丰、麻克、阿曼尼亚、巴旦王、叶尔羌、矮丰、浓帕烈、米桑等。

六、榛

榛,英文名 Hazelnut,学名 *Corylus* L.,植物分类学上属于榛科榛属。

(一)起源

我国是榛的起源地之一,1971 年在华北东段(40°58′N、120°21′E)中侏罗纪海防沟组中发现了榛属植物化石,距今约 1.5 亿年,估计榛子的起源时期还要早,大致在晚古生代。

(二)主要品种和近缘种

榛在全世界约有 16 种,中国有 10 种,其中栽培种 2 种、野生种 8 种。中国主要的栽培种为平欧杂种榛(*C. heterophylla* × *C. avellana*)。中国主要的野生种为平榛(*C. heterophylla* Fisch.)。

目前我国大面积栽培的榛子品种均来源于辽宁省经济林研究所培育的平欧杂种榛,主要优良品种有平欧 210 号、平欧 230 号、平欧 110 号、平欧 33 号、平欧 10 号、平欧 48 号、平欧 69 号、平欧 226 号、平欧 237 号、达维、平欧 349 号、平欧 524 号、平欧 545 号、平欧 127 号、平欧 21 号等。

七、银杏

银杏,英文名 Ginkgo,学名 *Ginkgo biloba* L.,植物分类学上属于银杏科银杏属。

(一)起源和栽培历史

银杏最早出现在 3.45 亿年前的石炭纪,到了 1.95 亿年前的中生代侏罗纪,曾与其他裸子植物一起组成浩瀚的森林。在 7 000 万年前的第四纪,由于冰川的影响,世界上的银杏遭到毁灭,仅在我国保留下来,成为“植物界的熊猫”和“活化石”。

我国银杏栽培开始于 4 000 年前的商代,汉末三国时江南已普遍种植,唐代扩及中原。宋代为银杏种植盛期，栽培地域已扩及黄河流域。

国外栽培银杏最多的是日本、朝鲜和美国。另外，新西兰、加拿大、法国、瑞典、澳大利亚、缅甸、丹麦、俄罗斯等国近年均纷纷引种银杏，但多为供研究零星栽培，尚无规模生产。

(二)主要品种

银杏以种子生产为目的，优良品种主要有家佛指、洞庭黄、大金坠、海洋皇（海洋王）、大白果、浙选5号、潮田大白果等。

八、阿月浑子

阿月浑子，英文名 Pistachio，学名 *Pistacia vera* L.，植物分类学上属于漆树科黄连木属。

(一)起源和栽培历史

阿月浑子的原产地还没有统一的说法，一般认为原产中亚及西亚地区。据考证，在4 000万年前的第三纪时期，阿月浑子生长于亚热带旱生森林中。阿月浑子的野生种见于叙利亚、土耳其、伊朗、阿富汗、吉尔吉斯斯坦、乌兹别克斯坦等中亚和西亚国家的干旱、半沙漠浅山地带，是该地区最古老的树种之一。

阿月浑子在西亚有3 500年的人工栽培历史，在中亚有2 500年的人工栽培历史，在地中海沿岸的希腊等国亦有1 500年的人工栽培历史。

据文献记载，我国引种阿月浑子已有1 300多年的历史。

(二)主要品种

新疆当地所产阿月浑子，按果实成熟期和形状可分为早熟、短果、长果3个类型。近年来，北京林业大学、北京农学院、新疆林业科学院、河北农业大学等相继从国外引进了数十个阿月浑子优良品种，表现较好的品种主要有 Kerman、Peters、伊1、伊4、伊2。

九、果松

果松，英文名 Korean pine，学名 *Pinus koraiensis* Sieb. et Zucc.，植物分类学上属于松科松属。

(一)起源

果松原产我国东北、俄罗斯远东地区、朝鲜和日本。

(二)主要品种

果松作为经济林（干果林）栽培是从近些年才开始的，目前还没有实际意义上的栽培品种。果松的球果形状是个稳定性状，可分为长椭圆形和椭圆形，通常长果的种子产量高于圆果。1987 年开始，辽宁省森林经营研究所王行轩等选出 8 个高产无性系。

十、香榧

香榧，英文名 Chinese torreya，学名 *Torreya grandis* Fort.，植物分类学上属于红豆杉科榧属。

（一）起源和栽培历史

香榧起源于我国，系第三纪孑遗植物。早在公元前 2 世纪的《尔雅》中即有记载。我国浙江为香榧的原产地和主产区。

（二）主要品种

香榧雌雄异株，在主产区诸暨，香榧的主要品种类型有细榧、长榧、芝麻榧、米榧、丁香榧、茄榧、獠牙榧、旋纹榧、蛋榧、大圆榧、中圆榧、小圆榧等 12 种；前 9 种为长子型，后 3 种为圆子型。此外，还有少量雌雄同株开花的细榧、芝麻榧和圆榧。

十一、无花果

无花果，英文名 Fig，学名 *Ficus carica* L.，植物分类学上属于桑科榕属。

（一）起源

无花果是世界上最古老的栽培果树之一，原产于阿拉伯半岛南部的半沙漠干燥地区，包括现在的沙特阿拉伯、也门和阿曼等国，已有 5 000 年栽培历史。

（二）传播

公元前 14 世纪，无花果从原产地传入希腊，公元前 2 000 年传入埃及，此后传到罗马，1 250 年又从意大利传入英国。中世纪由阿拉伯传入西班牙和北非等地。17 世纪传到美国。

我国有关无花果的历史记载最早见于《酉阳杂俎》（约 860 年）。我国新疆地区种植的无花果来自于伊朗等国，西南及陕、甘地区的无花果可能是通过古代的西南交通路线从缅甸、印度等国传入，而东部沿海地区的无花果则可能是通过海上丝绸之路引入的。

（三）主要品种

无花果属有 600 余种，能够进行商品化栽培的只有无花果一个种。按照花器构造与授粉特性的差异，无花果品种可以分为 4 个类群，即雌雄异花的原生型无花果、雌性花的斯麦那型无花果、中间型无花果和单性结实的普通型无花果。世界上无花果的主要栽培品种大部分为普通型，我国栽培的无花果品种都属于普通无花果类群。

我国栽培的无花果主要品种有 Brunswick、新疆早黄、黄无花果、晚熟无花果、Masui Dauphine、Horishi、绿抗 1 号、Tanaka。

十二、腰果

腰果，英文名 Cashew nut，学名 *Anarcandium occidentale* L.，植物分类学上属于漆树科腰果属。

（一）起源

腰果原产巴西东北部。

（二）传播

16 世纪由葡萄牙人将腰果传入非洲和亚洲，现已遍及东非和东南亚各国。20 世纪 30 年代引入我国台湾省，40 年代引入海南。

（三）主要品种

国外根据干果产量、果皮厚薄、果梨颜色等划分为多个类型。我国栽培的腰果多源于实生个体，变异复杂，基本上还未形成品种。

十三、我国干果种质资源的收集保存及研究利用

和其他果树一样，全国性的干果种质资源调查、收集和保存工作开始于 20 世纪 50 年代。在资源调查的基础上，农业部启动了果树种质资源圃建设计划。在干果方面，已建立了枣、核桃、板栗、柿、杏（包括仁用杏）5 大主要干果树种的种质资源圃，保存品种和优系资源近 2 000 份（表 7-18）。

表 7-18　我国干果方面的国家资源圃

资源圃名称	地点	保存的种类	保存资源份数
太谷枣葡萄资源圃	山西太谷	枣/葡萄	约 450/390
泰安核桃板栗资源圃	山东泰安	核桃/板栗	约 97/120
眉县柿资源圃	陕西眉县	柿	约 617
熊跃李杏资源圃	辽宁熊跃	李/杏	约 432/466

1979 年，在全国果树科技规划会议上提出了《中国果树志》编写计划，由中国农业科学院果树研究所负责主持实施。1993 年，《中国果树志. 枣卷》由中国林业出版社正式出版，成为《中国果树志》正式出版的第一卷。在干果方面，已经出版的还有《中国果树志. 核桃卷》、《中国果树志. 杏卷》、《中国果树志. 板栗榛子卷》、《中国银杏卷》等。进入 21 世纪后，中国园艺学会干果分会组织专家编写了《中国干果》一书，由郗荣庭和刘孟军教授担任主编，2005 年由中国林业出版社正式出版，

全面系统的介绍了我国主要干果的种质资源及其利用现状。

（撰写人　刘孟军）

第六节　常绿果树种质资源学

一、柑果类

柑果类包括芸香科（Rutaceae）柑橘亚科（Aurantioideae）约 33 个属的 200 多种植物。通常所指的柑果类植物，主要是指柑橘亚科柑橘族（Citreae）柑橘亚族（Citrinae）中真正柑橘类的 6 个属，即枳属（*Poncirus*）、金柑属（*Fortunella*）、柑橘属（*Citrus*）、澳洲沙檬属（*Eremocitrus*）、澳洲指檬属（*Microcitrus*）、多蕊橘属（*Clymenia*）。但实际上具有重大经济价值，真正供果树栽培或砧木利用的是前 3 属。

（一）起源

柑橘类果树的主要种大多数原产我国，马来半岛、缅甸和印度等地也是柑橘原产地。我国是世界上栽培柑橘历史最早的国家，据古书记载至今已有 4 000 年以上的历史。

（二）传播

我国原产的甜橙向世界传播主要有两条途径：一条是从原产地穿越阿拉伯沙漠，先到中近东，然后再传到地中海沿岸各国；另一条是向我国内地传播，在长江上游发现了大的产区，以后顺江而下，并向南方传播，形成以广东为中心的集中产地。

起源于我国的宽皮柑橘，1805 年被带到英国，从英国再传播到地中海沿岸各国。宽皮柑橘中的温州蜜柑，其原种可能是我国浙江黄岩的本地广橘。距今 500 年前日本僧人带去本地广橘的种子，在鹿儿岛县的长岛播种后，发现偶然实生变异，称为大唐蜜橘、李夫人橘或无核蜜橘，为日本主要果树。20 世纪引入我国，以后又被引入美洲南部、欧洲黑海沿岸以及西班牙、澳大利亚等地。

柠檬原产亚洲南部，10 世纪前后首先传到阿拉伯，11～12 世纪再传播到非洲北部和欧洲南部，15 世纪后在意大利作为果树盛行栽培。哥伦布第 2 次航行时引种到海地，以后传播到美洲各地。

柚原产我国，在印度半岛上较早就有栽培，因此，也有人认为原产印度。12～13 世纪引种到欧洲，17 世纪传播到西印度群岛的巴巴多斯岛。日本江户时代初期（1772）从我国引种到鹿儿岛和长崎，以后主要在九州栽培。

葡萄柚 17 世纪起源于巴巴多斯岛上柚类的自然杂种，19 世纪初期引种到佛罗里达。此外，以色列、南非、牙买加、巴西以及菲律宾、地中海的塞浦路斯也有栽培。

金柑原产中国。约在 16 世纪传播到日本、爪哇、美洲以及大西洋北部的关岛等地。长金柑 800 年前由我国东传到日本，向南传到印度尼西亚和印度。1812 年传到英国，1846 年传到地中海地区、阿尔及利亚和美国、古巴等地。长寿金柑原产于福建及江苏南京一带，传播到中国台湾和日本。金弹原产浙江，日本于昭和年间(1764—1771)从宁波引种，迄今仍称“宁波金柑”或“昭和金柑”。目前在东南亚、美国加利福尼亚也有栽培。

本书此处引用星川清亲关于橙(图 7-7)和柚(图 7-8)的传播路线图，来说明主要起源于我国的这两类果树的传播。

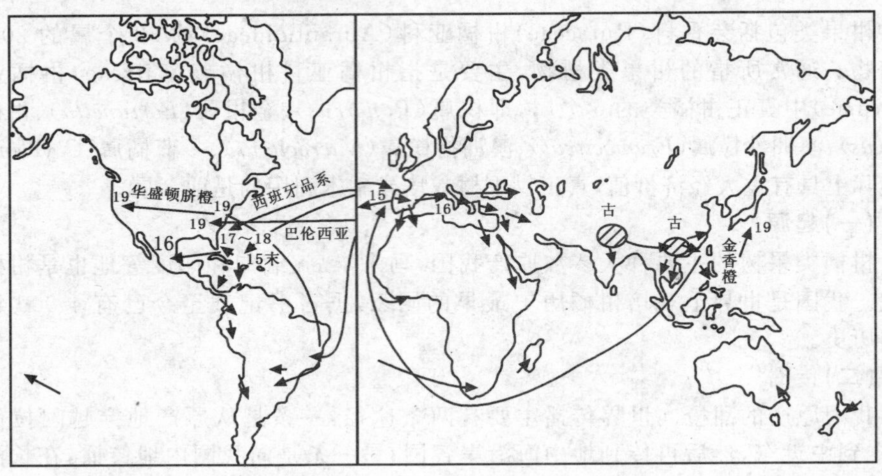

图 7-7　甜橙的起源传播示意图

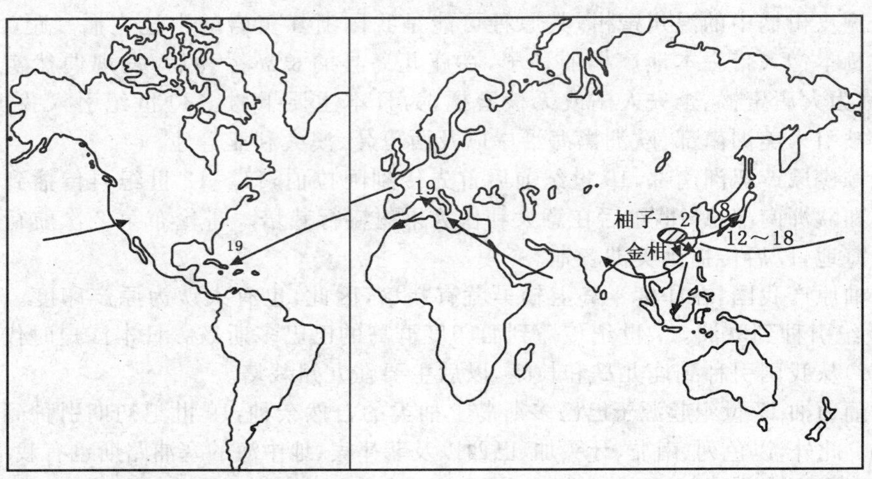

图 7-8　柚子的起源传播示意图

(三)分类

柑橘属(*Citrus* L.)在国际上主要有两大分类系统,一种是施文格(W. T. Swingle)分类法,确定柑橘属共16种;另一种是田中长三郎法,于1954年定为150余种,1977年又在此基础上发展为162种。

1. Swingle分类系统

通常称为大种分类系统,根据雄蕊数目及汁胞构造将柑橘亚族分为原始柑橘类、近似柑橘类和真正柑橘类,主张杂交种和偶然实生得到的材料不应具有种的资格。Swingle提出,真正柑橘类包括6个属,其中金柑属4种1变种,澳沙檬属1种,枳属1种,多蕊橘属1种,澳橘檬属6种1变种,柑橘属分为大翼橙亚属和真正柑橘亚属,前者6种,后者10种8变种。因此,常见的柑橘类植物共有6属29种11变种。

2. 田中长三郎分类系统

通常称为小种分类系统。田中主张以小种为标准,强调种的经济意义和特殊性状,把一些杂交种和庭院种提升为种的地位。对于金柑属分类,田中与Swingle的意见基本一致,区别仅在将宁波金柑和长寿金柑给予种的地位。田中和Swingle的主要分歧在柑橘属。田中根据花序的有无将柑橘属分为原生柑橘亚属和后生柑橘亚属两个亚属,并根据翼叶有无和花色等特征,进一步划分出8个区、20个亚区,计28个基本型,包括159个种和14个变种。Swingle系统中的宽皮柑橘1个种在田中系统中被分为36个种。

3. 中国学者的柑橘分类

曾勉(1960)比较系统的分析了大种分类法和小种分类法的弊端,结合我国的柑橘实情,提出了一个植物分类和园艺分类密切结合的新的分类方案。主张将柑橘拆分为5属5亚属,定了36个种,而枳属和金柑属的分类基本上维持了原田中长三郎的系统。

(四)主要种类与品种

柑橘的主要种类和品种如表7-19所示。

表 7-19 柑橘的主要种类和品种

属	类	亚类	品种
枳属（*Poncirus* Raf）	枳		
金柑属（*Fortunella* Swing.）	山金柑、金枣、圆金柑、长叶金柑、金弹、长寿金柑等		
柑橘属（*Citrus* L.）	大翼橙类		红河橙、大翼厚皮橙、大翼橙等
	宜昌橙类		宜昌橙、香橙、香圆等
	枸橼类		枸橼、粗柠檬、柠檬、绿檬等
	柚类	柚	晚白柚、玉环柚、琯溪蜜柚、四季柚、沙田柚、文旦柚等
		葡萄柚	马叙、红玉、汤普森、邓肯等
	橙类	甜橙	柳橙（印子柑）、暗柳橙、新会橙、桃叶橙、锦橙、雪柑、哈姆林、改良橙、冰糖橙、大红甜橙、纽荷尔脐橙、华盛顿脐橙、朋娜脐橙、清家、大三岛、纳维林奈、晚脐橙、红肉脐橙、塔罗科（血橙新系）、路比血橙、红玉血橙、伏令夏橙、奥林达、弗罗斯特、康倍尔、卡特尔、路德等
		酸橙	代代、枸头橙、兴山等
	宽皮柑橘类	柑类	温州蜜柑、瓯柑、槾橘、蕉柑等
		橘类	克里曼丁红橘、福橘、芦柑、南丰蜜橘、本地早、早橘、四季橘、砂糖橘、朱红等
		杂柑	天草、不知火、八塑、诺瓦橘柚、王柑、甜橘柚、日向夏等

二、荔枝龙眼类

（一）荔枝

荔枝，英文名 Litchi，学名 *Litchi chinensis* Sonn.，植物分类学上属无患子科荔枝属。

1. 起源

荔枝原产于我国南部，在广东、广西、海南、云南等地发现了野生荔枝林和老龄荔枝树。

2. 传播

我国荔枝 17 世纪末首先传入缅甸，18 世纪末传入孟加拉和印度，1775 年传到牙买加，1854 年传入澳大利亚的昆士兰，1870 年传入南非；传入美国 3 个地区的时间是，1873 年传入夏威夷，1886 年传入佛罗里达州，1897 年传入加利福尼亚州。

3. 分类

荔枝属只有荔枝（*L. chinensis* Sonn.）和菲律宾荔枝（*L. philippinensis* Radl.）2 个种。后者分布于菲律宾，野生状态，果肉薄，味酸涩，不能食用，种子圆锥形，可作为砧木或杂交育种资源。荔枝是唯一的栽培种，在云南发现 2 个荔枝变种，一是褐毛荔枝（*L. chinensis* var. *fulvosus* YQ Lee）；二是光头荔枝（*L. chinensis* var. *spontaneous* Pei）。

4. 保存

1988 年，建立了国家种质资源圃广州荔枝圃，至今保存了包括广东、广西、福建、四川、云南等地的野生、半野生和栽培品种等 130 多份种质，是世界上最大的荔枝种质基因库。

5. 主要品种

据不完全统计，全国约有荔枝品种 140 个，其中作为主栽品种有 40 多个。目前，我国主栽的荔枝品种有：

(1)桂味类：桂味、八宝香、犀角子、香荔、陈紫、绿荷包、兰竹等；

(2)笑枝类：妃子笑、将军荔、大红、元红、楠木叶等；

(3)进奉类：增城进奉、大肉、小丁香、六月雪、红荔、灵山香荔、玫瑰露、香枝、脆肉、高州进奉、鹅蛋荔、斜肩荔、合浦四季荔等；

(4)三月红类：三月红、玉荷包等；

(5)黑叶类：黑叶、水东黑叶、白蜡、宋家香、青壳、挂绿、绿罗袍、大造、一香等；

(6)糯米糍类：糯米糍、龙荔、娘喜、尚枝、甜岩、雪怀子、紫娘喜等；

(7)怀枝类：怀枝、米怀枝、七月熟、广元红、将军荔等。

(二)龙眼

龙眼，英文名 Longan，学名 *Dimocarpus longan* L.，植物分类学上属于无患子科龙眼属。

1. 起源

我国是龙眼的原产地之一，原产于我国南部及西南部，拥有丰富的龙眼遗传资源，种类多，分布广，野生、半野生变种多。我国栽培龙眼约有 2 000 年的栽培历史，可追溯到 2 000 多年前的汉代。

2. 分类

龙眼属中的栽培种为龙眼（*Dimocarpus longana* Lour.），发源于亚热带地区，其中含 2 个亚种，即：

(1)龙眼亚种(Subspecies *longana*):其中的龙眼变种(var. *longana*)包含许多有价值的栽培品种;此外,龙眼亚种(ssp. *longana*)还包含几个野生变种:①长叶柄龙眼(*D. longana* var. *longepetiolulatus* Leenh.);②钝叶龙眼(*D. longana* var. *obtusus* (pierre) Leenh);③大叶龙眼(*D. longana* var. *magnifolius* Lee Yeong-ching)。

(2)马六甲龙眼亚种(*D. longana* ssp. *malesianus* Leenh):发源于东南亚热带地区,其中含①var. *malesianus* 和②var. *echinatus* 两个变种。变种 var. *malesianus* 中有很多类型,可以分出 30～40 个类别或品种,在东南亚的加里曼丹岛和马来半岛广泛存在。

3. 主要品种

据不完全统计,龙眼有 400 多个品种,但作为主栽品种的只有其中数十个,主要有东壁、福眼、赤壳、乌龙岭、水南 1 号、松风本、立冬本、石硖、储良、大广眼、乌圆、古山二号、八一早、草铺种、灵龙等,其他品种还有早禾、桂龙早 1 号、花壳、丰州早白、龙优、普明庵、油潭本、柴螺、扁匣臻、青山 0 号、友谊 106、八月鲜、泸元 3 号、泸元 4 号、泸元 20 号、蜀冠、处暑本、南圆、青壳大鼻龙、红核子、青壳、公马本、九月乌、鸡蛋龙眼、十二月龙眼、龙目、莲叶、番路晚生、双季龙眼等。

(三)红毛丹

红毛丹,英文名 Rambutan,学名 *Nephelium lappaceum* L.,植物分类学上属无患子科韶子属。

1. 起源与分布

原产于马来半岛。泰国、斯里兰卡、马来西亚、印度尼西亚、新加坡、菲律宾、越南等地有规模栽培。

2. 分类

本属约有 38 种,我国有 3 种,作为水果栽培的有红毛丹和韶子两种。红毛丹变种多,以果皮色泽分为红果、黄果和粉红果 3 个类型,以果肉与种子离核与否分离核和不离核 2 个类型。

3. 主要品种

我国海南保亭热带作物研究所选出并在生产上推广的无性系有保研 1(BR-1)、保研 2(BR-2)、保研 3(BR-3)、保研 4(BR-4)、保研 5(BR-5)、保研 6(BR-6)和保研 14(BR-14)以及保研 7、8、9、10、11、12、13 等。

三、椰子类

椰子,英文名 Coconut,学名 *Cocos nucifera* L.,植物分类学上属于棕榈科椰子属。

(一)起源与分布

关于椰子的原产地问题,长期以来一直有两种观点:一种认为原产美洲;另一种认为是东方旧大陆的热带沿海地区。椰子广泛分布于北纬 26°至南纬 25°的广大热带地区和岛屿国家,主产国有菲律宾、印度尼西亚、印度、斯里兰卡、泰国、马来西亚等;我国主要分布在海南、台湾、广东雷州半岛和云南的西双版纳、河口以及西沙群岛等地。

(二)分类

该属仅椰子 1 种,在长期自然选择和人工选择中,形成许多类型和变种。近年来从栽培品种角度分析、鉴别,认为有野生种和栽培种,栽培品种中又可分为高种、矮种和杂交种。

四、蒲桃类

(一)蒲桃

蒲桃,英文名 Rose apple,学名 *Syzygium jambos* Alston(*Eugenia jambos* L.),植物分类学上属于桃金娘科蒲桃属。

蒲桃原产于印度、马来群岛及我国的海南岛,集中分布于亚洲热带地区,在亚洲亚热带至温带、大洋洲和非洲的部分地区也有分布。

蒲桃属有 500 余种,我国约有 72 种。

(二)莲雾

莲雾,英文名 Waxapple,学名 *S. samarangense*(Bl.)Merr. et Perry(*Eugenia javanica* Lam.),植物分类学上属于桃金娘科蒲桃属。

莲雾原产马来西亚和印度,在马来西亚、印度尼西亚、菲律宾普遍栽培。我国广东、福建、台湾、云南等省(区)也有栽培,其中以台湾栽培最多。以果皮颜色不同可分为 4 个种类:大红种、粉红种、青绿色种和白色种。

(三)番石榴

番石榴,英文名 Guava,学名 *Psidium guajava* Linn.,植物分类学上属于桃金娘科番石榴属。

番石榴原产美洲热带,16~17 世纪传播至世界热带及亚热带地区,如北美洲、大洋洲、新西兰、太平洋诸岛、印度尼西亚、印度、马来西亚、北非、越南等。约 17 世纪末传入我国。现台湾、广东、广西、福建、江西等省均有栽培,有的地方已逸为野生果树。

五、草本、藤本类

(一)香蕉

香蕉,英文名 Banana,学名 *Musa* spp.,植物分类学上属于芭蕉科芭蕉属。

1. 起源与分布

香蕉起源于亚洲东南部,即东南亚、马来西亚、印度一带及中国南方,已有数千年的栽培历史。主要分布在东西两半球南北纬 30°的热带亚热带地区,少数分布在北纬 30°以外。全世界栽培香蕉的国家和地区达 120 个,其中主产区为中南美洲和亚洲。香蕉在我国主要分布在台湾、广东、广西、海南、福建和云南等省区。

2. 传播

关于香蕉的传播,在此引用星川清亲的图示(图 7-9)。

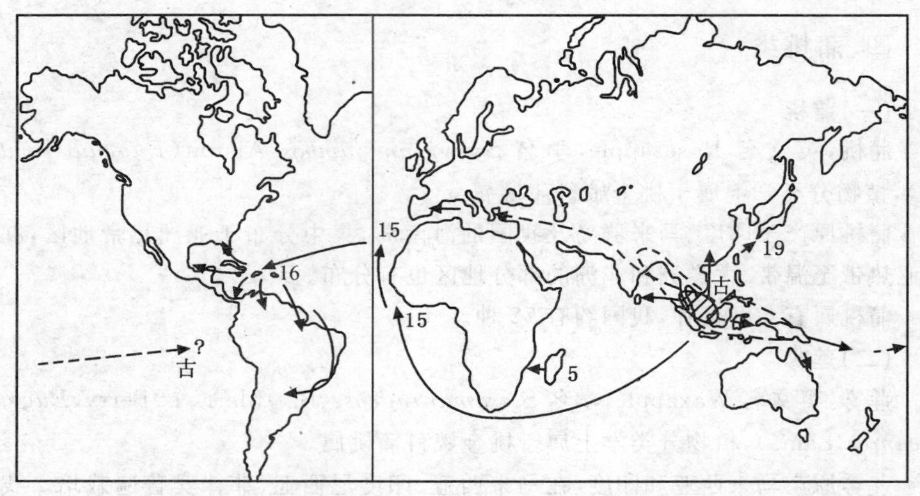

图 7-9 香蕉的起源传播示意图

3. 主要品种

(1)香蕉类:主栽的矮秆香芽蕉品种有福建的天宝矮蕉、广西的浦北矮、广东的阳江矮、海南的文昌矮、云南的红河矮、海南的赤龙高身矮蕉、广东的高州矮、云南的高身红河矮等;中秆香芽蕉品种有广东的香蕉 1 号、大种矮把、萝岗矮把、云南的上允矮把、河口矮把、海南的赤龙矮把,东莞中把、台湾北蕉、广东的矮身矮脚屯地蕾、广西的玉林中把、威廉斯 6 号、广东的香蕉 2 号、高身矮脚屯地蕾、大种高把、台湾 8 号等;高秆香芽蕉品种有台湾仙人蕉、广东的高脚齐尾、企身高脚屯地蕾、广西的玉林高脚，广东的垂叶高脚屯地蕾、高型香蕉、云南的高脚香蕉等。

(2)大蕉(含灰蕉)类：主要品种有顺德的中把大蕉、灰蕉(又称粉大蕉、牛奶蕉)、孟加拉的粉大蕉等。

(3)粉蕉(含龙芽蕉)类：主要品种有粉蕉(又称糯米蕉、米蕉、美蕉、旦蕉)、西贡蕉(象牙蕉)、中山的龙芽蕉(又称过山香、沙香)等。

(二)菠萝

菠萝，英文名 Pineapple，学名 *Ananas comosus* (L.) Merr.，植物分类学上属于凤梨科凤梨属。

1.起源与传播

菠萝原产巴西，先后传入中美洲及西印度群岛。15 世纪新大陆被发现后，传入非洲、亚洲和澳洲的热带和亚热带地区。至 16 世纪末至 17 世纪之间，才由马来西亚传入我国南方各地栽培。菠萝主要分布于南北纬 30°之间。在我国主要产区是广东、广西、福建、台湾和云南等省(区)。

2.分类

菠萝有 2 个野生种和 1 个栽培种。

(1)红色菠萝[*A. bracteatus* (Lindl.) Schult]：野生种。抗凋萎、心腐及根腐病。

(2)野菠萝[*A. ananasoides* L. B. Sm.]：野生种。耐寒、耐湿，抗线虫、凋萎、心腐及根腐病。

(3)菠萝栽培种：全世界菠萝的栽培品种有 70 多个，我国有 10 余个，可分为 5 个类型，即：①卡因类(Cayenne Group)，为栽培最为广泛的商业品种，约占世界栽培面积的 80%，为制罐的主要品种。②皇后类(Queen Group)，最为古老的品种，是南非、中国、越南等地的主栽品种之一，以鲜食为主。③西班牙类(Spnish Group)，供制罐和果汁。④波多黎各类(Portavico Group)，三倍体($3n=75$)，仅有卡比宋纳(Cabezona)1 个品种。⑤其他类，包括巴西广泛栽培的 Abacaxi 以及一些新品种和类型，如台农 4 号、57-236、3136、南园 5 号和 4312 等。

(三)番木瓜

番木瓜，英文名 Papaya，学名 *Carica papaya* L.，植物分类学上属于番木瓜科番木瓜属。

1.起源和分布

番木瓜原产于墨西哥南部以及邻近的美洲中部地区，在世界热带、亚热带地区均有分布。现主要分布于东南亚的马来西亚、菲律宾、泰国、越南、缅甸、印度尼西亚以及印度和斯里兰卡；中、南美洲，西印度群岛，美国的佛罗里达，夏威夷，古巴以及澳洲。我国主要分布在广东、海南、广西、云南、福建、台湾等省(区)。

2.主要品种

番木瓜的主要品种有:农友1号、台农2号、台农3号、红妃、漳红、日升、穗中红、穗中红48、岭南木瓜、中山菜瓜、泰国红肉、粤黄、粤红、粤优1号、粤优2号、优8、美中红、Eksotika Ⅱ、Eksotika Ⅲ、Eksotika Ⅵ、夏威夷1号、夏威夷苏劳(Solo)、碧地(Betty)、蓝茎(Bluestem)、南洋种等。

(四)西番莲

西番莲,英文名 Passionflower,学名 *Passionfora edulis* Sims.,植物分类学上属于西番莲科西番莲属。

西番莲原产于美洲热带。全属有400余种,我国原产13种。适宜于北纬24°以南的地区种植。

(五)罗汉果

罗汉果,英文名 Grosvenor momordica fruit,学名 *Siraitia grosuenorii*(Swingle)C. Jeffrey et Luet Z. Y. Zhang,植物分类学上属于葫芦科罗汉果属。

罗汉果原产我国广西、广东、湖南、江西等省(区)热带、亚热带山区。

主要栽培品种有长滩果、拉江果、冬瓜汉、青皮果、红毛果、茶山果等。

六、其他亚热带、热带果树类

(一)杨梅

杨梅,英文名 Waxberry,学名 *Myrica rubra*(Lour.)Sieb. et Zucc.,植物分类学上属于杨梅科杨梅属。

1.起源与分布

杨梅原产我国长江流域以南地区。主要分布云南、贵州、浙江、江苏、福建、广东、湖南、广西、江西、四川、安徽、台湾等省(区),其中以浙江的栽培面积最大。日本和韩国有少量栽培,东南亚各国如印度、缅甸、越南、菲律宾等多种植在庭院供作观赏,或作糖渍食用,没有作为经济果树栽培。因此,杨梅是我国南方的特色水果。

2.分类与主要品种

杨梅属约有50种,原产我国4种,其中仅杨梅作为果树栽培,其主要的6个变种及所含品种有:

(1)野杨梅(*M. rubra* var. *sylvestris* Tsen):实生种,常用作砧木。

(2)红杨梅(var *typical* Tsen):普遍栽培,品种多,果实较大,品质好,如迟色、东魁、大叶细蒂、二色梅、光叶杨梅等。

(3)乌杨梅(var. *atropurpurea* Tsen):品质上等,果肉可与果核分离。主要品种有荸荠种、丁岙梅、大炭梅、山乌、乌苏核和乌梅等。

(4)白杨梅(var. *alba* Tsen):果实成熟时为白色、乳白色、黄白色,品质优良。主要品种有水晶杨梅、纯白蜜和蜡杨梅等。

(5)早性梅(var. *praematutus* Tsen):果实小,品质不佳,成熟早。

(6)大叶梅(var. *conservatus* Tsen):叶特大。

杨梅的进化是由野杨梅进化为白杨梅和红杨梅,红杨梅进一步进化为乌杨梅、大叶梅和早性梅。

(二)杨桃

杨桃,英文名 Star fruit,学名 *Averrhoa carambola* L.,植物分类学上属于杨桃科杨桃属。

1.起源与分布

杨桃原产于东南亚热带地区,中国是原产地之一,现主要分布于东南亚、印度、巴西、美国南部和中国南部。我国杨桃由马来西亚及越南传入,东汉时期始有栽培,历史超过 2 000 年,现主要分布在广东、广西、福建和台湾等地。

2.分类与主要品种

杨桃科仅杨桃 1 属 2 种,我国仅有杨桃(*A. rambola* L.)1 种。

杨桃栽培品种主要有酸杨桃和甜杨桃两大类。酸杨桃较少鲜食,多作烹调配料或加工蜜饯和饮料。甜杨桃多作鲜食用或制饮料。主要优良品种有崛督、尖督、猎德甜杨桃、吴川甜杨桃、红种甜杨桃、大果、甜蜜杨桃、东莞甜杨桃、潮汕酸杨桃、白马甜杨桃、七根松杨桃、白杨桃、构杨桃以及台湾的竹叶杨桃、白丝杨桃、蜜丝杨桃、新高蜜丝杨桃和南洋等。

(三)枇杷

枇杷,英文名 Loquat,学名 *Eriobotrya japonica* (Thunb.) Lindl.,植物分类学上属于蔷薇科枇杷属。

1.起源与传播

枇杷原产我国西部四川、湖北、浙江等省,栽培历史至少在 2 100 年以上。日本的枇杷是由我国唐代(公元 618—907 年)时传入的,被称为"唐枇杷"。欧洲及其他地方的枇杷均由我国及日本传出。

2.分类及主要品种

枇杷属约有 30 种,中国已发现记载的有 14 个种和 1 个新类型——大渡河枇杷(*Eriobotrya prinoides* Rehd. & Wils. var. *daduheensis* H. Z. Zhang)。作为经济栽培的只有枇杷 1 种,其余的可作为砧木或育种材料。

枇杷品种很多,一般按果肉色泽可以分为白肉类和红肉类。白肉品种群中优良品种有软枝白沙、硬枝白沙、白梨、白玉、青种、照种、乌躬白、冠玉等。我国大面积栽培的大多是红肉品种,红肉品种群中优良品种有大红袍、解放钟、早钟 6 号、大五星、梅花霞、长红 3 号、太城 4 号、森尾早生、东湖早、富阳、光荣等。

(四)橄榄

橄榄,英文名 Olive,学名 *Canarium album*(Lour.)Raeusch.,植物分类学上属于橄榄科橄榄属。

1. 起源与分布

橄榄原产我国,已有 2 000 多年栽培历史,主要分布在福建、广东,其次广西、台湾。世界栽培橄榄的国家有越南、泰国、老挝、缅甸、菲律宾、印度以及马来西亚等。

2. 分类与主要品种

橄榄科植物有 16 属 500 余种,我国有 3 属 13 种,作为果树栽培的仅有橄榄属植物。橄榄属约有 100 余种,有栽培和野生种果树 30 多种,主要的有 26 种。分布在我国的橄榄有 7 种,主要栽培的有橄榄和乌榄 2 个种。

橄榄的主要品种按用途主要分为:

(1)鲜食品种:檀香、安仁溪檀香、霞溪本、厝后本、糯米橄榄、茶溶榄、猪腰榄、鹰爪指、尖青、凤湖榄、三棱榄、冬节圆橄榄、丁香榄。

(2)加工品种:大头黄、黄仔、三方、汕头白榄、大红心、赤种、红心仔、四季榄、自来圆、黄大、小自来圆、长营、黄接本、福州橄榄、台湾榄、黄皮长营、青皮长营、大长营、长梭、长穗。

(3)鲜食加工两用品种:惠圆、檀头、黄肉长营、白太、潮州青皮榄、南宁青皮榄、泰国榄。

七、杧果

杧果,英文名 Mango,学名 *Mangifera indica* Linn.,植物分类学上属于漆树科杧果属。

(一)起源与分布

杧果原产印度及马来西亚,印度栽培历史最久,已有 4 000 多年的历史。世界两大杧果产区为南亚产区和加勒比产区,其中印度产量最多,占世界产量的约 80%。我国台湾于 20 世纪 50 年代从美国引入海顿(Haden)、爱文(Irwin)和吉尔(Zill)等品种。20 世纪 60 年代中期,海南、广东、广西和云南也引种试种。现在,我国杧果的经济栽培地区有海南、广西、广东、福建、云南、台湾等省(区)。

(二)分类与主要品种

杧果属有 60 多种,其中有 15 种的果实可供食用,作为果树栽培的主要是杧果

(*M. indica* L.)。

杧果的栽培种通常按胚性可分为单胚和多胚两个类型。单胚类型的种子仅有一个合子胚，如印度杧及其实生后代秋杧、椰香杧、海顿杧等。多胚类型的种子含有一个合子胚和多个珠心胚，其实生树多为珠心胚发育而成，菲律宾、泰国、印度尼西亚等国家的品种如吕宋杧、泰国白花杧、白象牙杧等属多胚类型。

我国主要栽培的品种有：泰国白花杧（Okrong）、吕宋杧（Carabao）、白象牙杧（Nang Klanggwan）、白玉杧、椰香杧（Dashehhari）、秋杧（Neelum）、紫花杧、桂香杧、粤西 1 号杧、马切苏杧、红杧 6 号、金煌杧、龙眼香杧、爱文 96、台农 1 号和台农 10 号等。

八、腰果

腰果，英文名 Cashew，学名 *Anacardium occidentale* L.，植物分类学上属于漆树科腰果属。

(一)起源与分布

腰果原产西印度群岛和中美洲。16 世纪引入亚洲和非洲。现分布在南北纬 20°以内的几十个国家和地区。巴西、秘鲁、墨西哥、莫桑比克、坦桑尼亚、印度、肯尼亚等国均有分布和种植。我国自 20 世纪 30 年代从东南亚引入海南和台湾种植，现分布在台湾、海南、云南、广东、广西和福建等省(区)。

(二)主要品种

腰果属植物有 8 种，在世界广泛栽培者仅腰果 1 种。

目前，生产上主要的高产、无性系有坚果颗粒大的 FL-30，树形紧凑、迟花的 HL2-21 和早花的 GA-63 等以及印度选育出高产新品种乌拉尔腰果-1 号和乌拉尔腰果-2 号。

九、毛叶枣

毛叶枣，英文名 Indian jujube，学名 *Zizyphus mauritiana* Lam.，植物分类学上属于鼠李科枣属。

(一)起源与分布

原产于小亚细亚南部、北非、印度东部一带，在中国自然分布于台湾、云南、海南等地，现主要分布于云南、四川、广西、广东、海南、福建和台湾等省(区)。印度等国家亦有分布。

(二)分类与主要品种

毛叶枣有台湾品种群和缅甸品种群,前者的果实品质和丰产性能均优于后者。台湾品种群主要品种有:五千、高朗1号、福枣、黄冠、碧云、肉龙、世纪、金龙钟等。

十、苹婆

苹婆,英文名 Noble bottle-tree,Ping-pong,学名 *Sterculia nobilis* Smith.,植物分类学上属于梧桐科苹婆属。

本属约有300种,以亚洲热带最多。我国有23种,原产中国云南、贵州、四川、海南、广东、广西、福建、台湾等地,印度、越南、印度尼西亚和日本亦有栽培。

十一、澳洲坚果

澳洲坚果,英文名 Macadamia nut,学名 *Macadamia integrifolia* L. S. Smith.,植物分类学上属于山龙眼科澳洲坚果属。

澳洲坚果原产于澳洲昆士兰东南海岸雨林和新南威尔士北部河谷地带。现在主产于美国、澳大利亚、肯尼亚、南非、哥斯达黎加、危地马拉、巴西等国。我国大约在1910年引入,现分布于我国广东、广西、海南、云南、贵州、四川、福建等省区,局部进行了规模发展。

本属共有10种,仅2种可供食用,即光壳种(*M. ternuifolia* F. Muell)和粗壳种(*M. tetraphylla* L. John)及其杂交种。美国的光壳种优良品种有:Kekea、Ikaika、Keauhou、Wailus、Nuuanu等。

十二、香榧

香榧,英文名 Chinese torreya,学名 *Torreya grandis* Fort.,为裸子植物,植物分类学上属于红豆杉科榧属。

榧在世界上有7种,其中我国原产4种,美国产2种,日本1种。原产于我国的4种榧属植物中,除香榧作人工栽培外,其他均呈野生状态。

香榧为无性繁殖系,性状稳定,品质优良,是榧属植物中经济价值最高的一个种。从其种子形态上区分,可分为2个类型和4个变种。

(1)栾泡榧(*T. grandis* f. *majus* Hu)。

(2)芝麻榧(*T. grandis non-apiculata* Hu)。

(3)米榧(*T. grandis* var. *dielsii* Hu)。

(4)寸金榧(*T. grandis* var. *sargentii* Hu)。

(5)木榧(*T. grandis* var. *chingii* Hu)。

(6)香榧(*T. grandis* var. *merrilii* Hu)。

香榧品种主要有细榧、芝麻榧、米榧、茄榧等,以细榧的品质为最佳。

十三、黄皮

黄皮,英文名 Wampee,学名 *Clausena lansium* (Lour.)Skeels.,植物分类学上属于芸香科黄皮属。

黄皮原产中国南部,已有 1 500 年以上栽培历史。中国的广东、广西、台湾、福建种植较多,四川、云南也有分布。

中国黄皮地方品种甚多,大抵可分为甜黄皮与酸黄皮 2 类。甜黄皮多作鲜食,以'鸡心种'最为著名;也有独核品系,主要品种有广东的大鸡心、红嘴鸡心、鸡子黄皮,福建的奎章种、鸡心种、尖尾种,广西的鸡心仔。酸黄皮用以加工果脯、果汁、果酱,多属实生树,品种杂,缺乏分类;用作加工果汁果酱的有:大圆皮、大牛心等,用作加工果干果脯的有细鸡心、半尖尾、圆皮等。

十四、榴莲

榴莲,英文名 Durian,学名 *Durio zibethinus* Murr.,植物分类学上属于木棉科榴莲属。

一般认为,马来西亚和东印度是榴莲的原产地,以后传入菲律宾、斯里兰卡、泰国、越南和缅甸等国,中国海南也有少量栽种。

榴莲品种有 200 多个,目前普遍种植的有 60~80 个品种,其中最著名的有 3 个类型:轻型品种有伊銮、胶伦通、春富诗、金枕和差尼;中型品种有长柄和谷;重型品种有甘邦和伊纳。

十五、番荔枝

番荔枝,英文名 Sugar-apple, Sweetsop,学名 *Annona squamosa* L.,植物分类学上属于番荔枝科番荔枝属。

番荔枝原产于热带美洲,全球热带地区有栽培。我国台湾省最初由荷兰移入。

番荔枝科具有比较原始的性状，被达尔文称为“活化石”。本科植物中，作为果树栽培的主要是番荔枝属（*Annona* L.），该属约有 120 种，我国常见引种栽培的有 6 种。

（撰写人　潘东明）

参考文献

曹家树，秦岭. 园艺植物种质资源学. 北京：中国农业出版社，2005.

韩振海，等. 落叶果树种质资源学. 北京：中国农业出版社，1994.

华中农业大学. 果树研究法. 北京：中国农业出版社，1979.

李育农. 苹果属植物种质资源的研究. 北京：中国农业出版社，2001.

刘旭. 中国生物种质资源研究报告. 北京：科学出版社，2003.

吴耕民. 中国温带果树分类学. 北京：农业出版社，1984.

俞德浚. 中国果树分类学. 北京：农业出版社，1979.

中国大百科全书总编辑委员会农业编辑委员会. 中国大百科全书·农业Ⅰ. 北京：中国大百科全书出版社，1990.

中国大百科全书总编辑委员会农业编辑委员会. 中国大百科全书·农业Ⅱ. 北京：中国大百科全书出版社，1990.

中国农业科学院作物品种资源研究所. 中国作物种质资源. 北京：中国农业出版社，1994.

中国农业百科全书总编辑委员会果树卷编辑委员会. 中国农业百科全书·果树卷. 北京：农业出版社，1993.

[日]青木二郎著，曲泽洲，刘汝城译. 苹果的研究. 北京：农业出版社，1984.

[日]星川清亲著，段传德，丁法元译. 栽培植物的起源与传播. 郑州：河南科学技术出版社，1981.

王富荣，佟照国，赵剑波，等. 桃野生种和地方品种种质资源亲缘关系的 AFLP 分析. 果树学报，2008，25(3)：305-311.

王贤荣. 国产樱属分类学研究. 南京林业大学博士学位论文，1997.

汪祖华，庄恩及. 中国果树志-桃卷. 北京：中国林业出版社，1999.

杨新国，张开春，秦岭，等. 桃种质资源演化关系和 RAPD 分析. 果树学报，2001，18(5).

杨英军,张开春,林珂.常见桃属植物 RAPD 多态性及亲缘关系分析.河南农业大学学报,2003,36(2).

俞德俊,等.中国植物志.第 38 卷.北京:科学出版社,1986.

牛立新,贺普超.我国野生葡萄属植物系统分类研究.园艺学报,1996,23 (3).

孙云蔚.中国果树史与果树资源.上海:上海科学技术出版社,1983.

俞德浚.中国果树分类学.北京:农业出版社,1982.

华南农业大学.果树栽培学各论(南方本).北京:中国农业出版社,1981 .

贾敬贤,贾定贤,任庆棉.中国作物及其野生近缘植物.北京:中国农业出版社,2006.

孔庆山.中国葡萄志.北京:中国农业出版社,2004.

刘孟军.中国野生果树.北京:中国农业出版社,1998.

曲泽洲,孙云蔚.果树种类学.北京:农业出版社,1990.

曲泽洲,王永蕙.中国果树志· 枣卷.北京:中国林业出版社,1993.

梁立兴.中国银杏.济南:山东科学技术出版社,1988.

梁维坚,榛子.北京:中国林业出版社,1987.

孙云蔚,等.中国果树史与果树资源.上海:上海科学技术出版社,1983.

王宇霖.落叶果树种类学.北京:农业出版社,1988.

温陟良,彭士琪.干果研究进展(1).北京:中国林业出版社,1999.

温陟良,郗荣庭.干果研究进展(2).北京:中国林业出版社,2001.

郗荣庭,等.果树栽培学总论.3 版.北京:中国农业出版社,2000.

郗荣庭,刘孟军.中国干果.北京:中国林业出版社,2005.

郗荣庭,刘孟军.干果研究进展(3).北京:中国农业科学技术出版社,2003.

郗荣庭,刘孟军.干果研究进展(4).北京:中国农业科学技术出版社,2005.

郗荣庭,刘孟军.干果研究进展(5).北京:中国农业科学技术出版社,2007.

郗荣庭,张毅萍.中国果树志·核桃卷.北京:中国林业出版社,1996.

辛树帜.中国果树史研究.北京:农业出版社,1983.

罗国光.果树词典.北京:中国农业出版社, 2007.

张育英, 陈三阳.热带亚热带果树分类学.上海:上海科学技术出版社, 1992.

Faust M. et al, 1997, Origination and Dissemination of Cherry, Horticultural Review, 19:263-317.

http://www.efloras.org/browse.aspx? flora_id=3&start_taxon_id=106151.

http://www.fs.fed.us/database/feis/plants/shrub/prupum/all.html#HABITAT%20TYPES%20AND %20PLANT%20COMMUNITIES.

Iezzoni A. et al, 1992, Cherries, In: J. N. Moore and J. R. Ballington (eds), Genetic Resources of Temperature Fruit and Nut Crops, Int. Soc. Hort. Sci., Wageningen.

第八章 蔬菜种质资源学

第一节 中国蔬菜种质资源的收集、保存、研究与利用

一、收集

至2006年,全国已经入库(圃)保存的蔬菜种质资源共计35 580份,涉及214个种和变种。这些资源的90%以上是已被生产淘汰或濒于灭绝的地方品种,引进品种及野生资源占少数。其中种子繁殖并入国家种子库保存的有31 417份,涉及21个科70个属132种和变种。无性繁殖的水生蔬菜1 538份,分属11个科12个属28个种和3个变种。以营养器官繁殖的蔬菜如葱蒜类、薯芋类和多年生蔬菜种质资源776份,分属70个种(李锡香,2006)。并由中国农业科学院蔬菜花卉所编辑出版了“中国蔬菜品种资源目录”。

二、分布

我国蔬菜资源的分布表现出明显的多样性,部分蔬菜种类有明显的地区性。其中华北地区蔬菜种质资源最丰富,入库资源数在6 300份以上,占入库总数的29.8%,居第2位的是西南地区有4 100份,占入库总数的19.4%,华南占16%,华东占14%。而东北和西北地区蔬菜资源相对贫乏,分别占11.1%和9.6%。

根据同一种类蔬菜资源在全国的分布情况,可分为均匀分布、全国分布但有重点产区、局部分布3种情况。均匀分布是某种蔬菜在全国各地都作主要蔬菜,资源数量分布较均匀,如萝卜、甘蓝、黄瓜、茄子、辣椒等;第2种情况如大白菜、不结球白菜、叶用芥菜、菜豆、韭菜等,它们虽在全国均作主要蔬菜栽培,但资源分布极不均匀;局部分布的蔬菜种类,它们在某一地区是主要蔬菜,但在其他地区很少栽培,资源也主要集中在个别地区,如芥蓝、节瓜、丝瓜、芋头等。

三、引进

从20世纪50年代起我国先后从40余个国家(地区)引进花椰菜、豌豆、菜豆、胡萝卜、洋葱、结球甘蓝、辣椒、胡萝卜、青花菜、生菜等14个科48个属近100种

(包括变种)的蔬菜作物,约 12 000 个品种,其中 20 余种为国内稀有蔬菜,还有我国科研和生产急需的抗源材料、雄性不育系、耐热和耐低温等珍贵材料。在引进的蔬菜种质资源中,有抗病(如 TMV、枯萎病、叶霉病、线虫等)、耐热、耐低温、高固形物、果柄无离层番茄;抗白粉病及雌性系黄瓜;抗根腐病、可作砧木的黑籽南瓜;结球白菜、甘蓝的雄性不育系和抗黑腐病材料;花椰菜的雄性不育系、保持系、抗鳞翅目害虫材料和花球橘黄及持久白色材料;菜豆的抗锈病、抗线虫、耐白粉病、耐病毒、抗枯萎病、根腐病、白霉病、褐斑病材料及耐热、耐低温材料;马铃薯高淀粉含量、产生 $2n$ 配子材料等各种蔬菜的优良种质。部分品种经鉴定试种在生产中直接推广应用;大批引进的蔬菜优异资源被全国育种单位广泛用于培育新品种,迅速提高了我国的蔬菜育种水平,获得了重大的社会效益和经济效益。我国引进资源数量较多的种类主要有茄果类、甘蓝类、豆类和瓜类。

四、保存

1986 年建成的国家作物种质库的任务是负责我国作物种质资源的长期保存、向有关中期库或原供种单位提供繁殖用种子。2000 年,国家蔬菜种质资源中期库在中国农科院蔬菜花卉研究所落成,主要负责本专业种质资源的保存和种质材料的分发与交换。目前在中国农业科学院国家作物种质资源长期库和蔬菜交换种质中期库中保存着种子繁殖的蔬菜种质 29 198 份。同时在武汉市蔬菜所建立了国家水生蔬菜种质资源圃,保存着 1 538 份水生蔬菜种质资源。

在青海省建有国家种子备份库。

五、研究

(一)鉴定和评价

在繁种入库的同时,对每份种质的近 30 个形态性状进行了初步调查,并进行了种质农艺性状的编目。对 13 种蔬菜作物的 24 种病害进行了共 38 694 份次鉴定,研究制定了苗期和田间鉴定、重要品质性状的鉴定方法与标准,对部分蔬菜的主要农艺性状的遗传规律进行了研究,获得优良抗病、抗逆、优质种质 1 879 份;制定了辣椒、大白菜等 7 种蔬菜优异种质综合评价的方法和标准,多点综合评价筛选出优异种质资源 16 份(大白菜 3 份、萝卜 3 份、辣椒 3 份、菜豆 2 份、豇豆 3 份、水生蔬菜 2 份)。

(二)信息系统的建成

目前我国已建成中国作物种质资源信息系统(CGRIS),它包括了国家种质库管理、青海复份库管理、国家种质圃管理、中期库管理、农作物特性评价鉴定、优异资源综合评价和国内外种质交换7个子系统。同时还建立起了蔬菜种质资源分发利用数据库。已建成的蔬菜作物种质资源信息系统现拥有82种蔬菜作物、3万份种质资源的信息近200万个数据项。

(三)多样性及分类研究

种质资源的遗传多样性及分类研究主要从形态学、细胞学(主要是染色体核型和带型)、生理生化(主要是蛋白质水平)和分子水平等多方面进行研究。研究比较多的包括中国白菜、芥菜、芋头、茭白、甜瓜、黄瓜、葱韭等起源或次生起源中国的蔬菜作物。在染色体水平,利容千及其同事研究了十字花科、豆科、葫芦科、茄科、伞形科、百合科、菊科等共15个科,88种及变种、141个栽培蔬菜品种的核型及其变异规律,并出版《中国蔬菜植物核型研究》一书。

(四)核心种质研究

中国农业科学院蔬菜花卉研究所通过对来自不同国家或地区的90份黄瓜种质的RAPD分析,利用其数据对构建黄瓜核心种质的方法进行了探讨。

六、利用

在种质资源的收集、整理和鉴定过程中,发现了一批能满足当地蔬菜生产需求的优良珍贵的蔬菜种质和野生近缘种,在20世纪60～80年代直接应用于蔬菜生产,如四川的二水早大蒜、早白羊角菜豆、供给者菜豆、陵川水萝卜、心里美萝卜、荷兰春早花椰菜、耶耳福花椰菜、长白苦瓜、孝感瓠子、长春密刺黄瓜、夏芹、六叶茄、七叶茄、九月茄、紫长茄、茄门甜椒、黑子南瓜、矮生南瓜、裸仁南瓜、野茄子、雨林红芋、高山红莲、丽水特早熟丝瓜、四月慢白菜、五月慢白菜等。收集的大量蔬菜优异资源被全国育种单位广泛用于培育新品种,间接地产生了巨大的经济效益,如湖南农业科学院的湘研辣椒、中国农业科学院的中蔬牌蔬菜新品种等均是在充分研究和利用蔬菜资源的基础上取得的。

第二节　白菜类蔬菜种质资源学

一、起源、传播与分类

植物分类学上,白菜类蔬菜都属于十字花科芸薹属的白菜(芸薹)种。白菜类蔬菜在我国分布广阔，是栽培面积最大的蔬菜种类。

白菜(芸薹)种主要包括大白菜(结球白菜)、不结球白菜(小白菜)、芜菁(因具有膨大的肉质根归为根菜类)3 个亚种，大白菜和不结球白菜均起源于中国。不结球白菜以江苏为起源中心，形成了普通白菜、塌菜、薹菜、菜薹、多头菜和油菜(种子榨油为主)等 6 个变种，并逐渐向周围扩散；大白菜可分为散叶、半结球、花心和结球 4 个变种。大白菜的栽培历史远晚于不结球白菜及芜菁。根据古籍的记载，大白菜的原始类型大约产生于公元 7 世纪以前，迄今未发现大白菜的野生种。李家文(1962)认为大白菜不可能是由小白菜发生变异而直接产生的新种，大白菜起源于北方的芜菁与南方的小白菜或小白菜原始类型的杂交后代，即杂交起源学说。谭其猛(1979)认为，大白菜的原始栽培类型除李氏所说外，还有可能起源于具有相似性状的野生或半野生类型，并认为“大白菜可能是南方普遍栽培的不结球小白菜在向北传播的栽培过程中产生的”，即分化起源学说。曹家树等(1995)在小白菜与芜菁的杂种 F_2 中，分离出类似散叶大白菜的单株，也进一步支持了杂交起源学说。结合我国大白菜资源的数量和分布及古代文字记载，我国大白菜栽培品种起源可能在河北和山东(谭其猛，1980)。

白菜类蔬菜中，引用星川清亲的结果，对大白菜的起源与传播如图 8-1 所示。

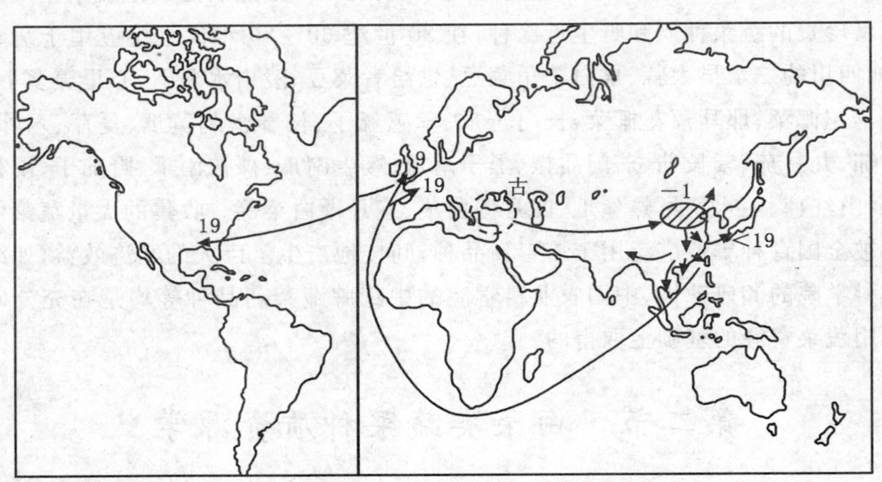

图 8-1 白菜的起源传播示意图

二、收集与分布

据20世纪50年代全国农作物品种普查初步统计，全国有400多个大白菜地方品种(大多数分布在河北、山东、河南)，200多个不结球白菜地方品种(主要分布在华东地区)。至2006年，我国已入库大白菜1 691份、不结球白菜1 392份、薹菜15份、菜薹229份。

我国80.1%的大白菜资源分布于北方，资源最丰富的是山东、河南、河北、辽宁、四川、云南6省。大白菜以胶东半岛、辽东半岛为中心，分化出了适合于海洋性气候的卵圆形大白菜，占大白菜资源总数的25.4%，集中分布于山东省及辽东半岛；以河南中部为中心，分化出了适于大陆性气候的平头型大白菜，占资源总数的26.5%，集中分布于河南省、山东西部、山西、陕西南部、江苏、湖北北部；以冀东和天津为中心，分化出了适合于交叉气候类型的直筒形大白菜，占资源总数的34.5%，集中分布于华北、东北大部及西北东部。我国的大白菜资源中绝大多数是结球和花心品种。

中国不结球白菜资源的74.1%，菜薹资源的98.3%分布在南方；普通白菜和乌塌菜分布与大白菜相反，主要分布在江苏、浙江、安徽、上海、广东、广西、福建、湖南、湖北、江西等南方10省市。

三、研究、创新与利用

(一)性状鉴定、遗传多样性研究

1. 大白菜

20世纪50～60年代主要是进行白菜品种资源调查、整理，并对当地优良品种资源进行了选纯复壮和示范推广。“七五”、“八五”期间对入库白菜种质资源的主要农艺性状、品质和抗病性进行了鉴定，筛选出一批具有优异性状的种质资源，并结合资源研究进行了白菜主要农艺性状遗传规律的研究探索。有关白菜品质分析和鉴定主要集中在商品品质(包括风味品质)与营养品质两方面。营养品质方面制定和完善了主要品质性状鉴定的方法和标准，同时对营养品质性状的遗传规律研究表明，大多数营养品质性状是受多基因控制，有数量性状遗传的特点。风味品质与可溶性糖(高)、粗纤维(低)、蛋白质(多和高)呈极显著相关。另外，风味品质也与组织结构有关，品质好的球叶中肋维管束密度小，薄壁细胞小，球叶叶肉组织厚。

抗病性方面，重点对入库大白菜资源的抗TuMV、霜霉病、黑腐病进行了鉴定，结果从1 062份材料中筛选出抗TuMV材料15份(占鉴定总数的1.4%)；抗霜霉病材料176份(占鉴定总数的16.6%)，其中高抗材料5份；兼抗病毒病和霜霉病的材料 13 份(占鉴定总数的 1.2%);抗黑腐病材料 100 份(占 9.4%)。大白菜抗病毒病抗源在东北、冀北分布较多;早熟品种中比中、晚熟品种中要多;青帮比白帮抗病性强。另外,从 514 份材料中筛选出能在高温下正常结球的耐热性材料 13 份。张世德等对从 1 062 份材料中初选出的 204 份大白菜品种资源进行田间抗病性鉴定,并从中再复选 21 份资源进行多年多点田间抗病性筛选,最后筛选出兼抗病毒病、霜霉病、软腐病的兼抗材料 8 个,它们分别是:大核桃纹(0414)、早白口(0480)、安阳二包头(0513)、李楼中纹(0519)、玉杯(0618)、长炮弹(0663)、玉青麻叶(0864)、千层塔(1008)。同时还筛选出多份兼抗两种病害或一种病害的抗病品种资源。此外,分子标记技术在大白菜分类及亲缘关系研究上的报道也越来越多(宋顺华等,2006;虞慧芳等,2008;冯英等,2008)。

2. 不结球白菜

从入库的 1 000 份不结球白菜资源中筛选出高抗和抗 TuMV 材料 58 份,高抗品种大多为叶柄白色,这些资源主要来源于四川和湖北。对 556 份不结球白菜材料的耐抽薹性鉴定,筛选出抗抽薹(抽薹>80 天)材料 3 份。同时对不结球白菜资源的抗耐性进行了研究筛选。曹寿椿等(1995)对 18 个有代表性的秋冬不结球白菜品种进行了各种营养品质的鉴定分析,发现绿梗深(墨)绿叶品种的营养成分含量均高于其他类型的品种。沈火林等(2002)在北京地区秋季对 42 个不结球白菜品种资源和 56 份杂交一代的可溶性糖、维生素 C、硝酸盐含量等营养品质进行了鉴定,表明不结球白菜的可溶性糖含量变异范围在 0.39%~1.61%,维生素 C 含量变异范围在 11.87~50.58 mg/100 g FW,硝酸盐含量变异范围在 179.07~4 976.98 mg/100 g FW。

郭晶心等(2002)应用 AFLP 技术对白菜类蔬菜的遗传多样性进行分析,结果表明,大白菜和薹菜聚为一类,不结球白菜起源早于大白菜。韩建明等(2008)用 RAPD 分子标记对国内外 64 份不结球白菜种质资源的 DNA 遗传多样性进行了分析,认为大部分变异主要存在于种群间,群体间基因流动较少。

耿建峰等(2007)以不结球白菜品种暑绿的 112 个双单倍体(DH)株系构成的群体作为作图群体,利用 SRAP、SSR、RAPD 和 ISSR 4 种分子标记通过 Mapmaker 3.0/EXP 软件分析,构建了 1 张不结球白菜分子遗传连锁图谱。图谱总长度 1 116.9 cM,共包括 14 个连锁群,186 个多态性分子标记,其中包括 114 个 SRAP、33 个 SSR、24 个 RAPD 和 15 个 ISSR 标记,其中偏分离标记 44 个,占 23.7%。每条连锁群上的标记数在 4~27 个之间,连锁群的长度在 30.3~165.8 cM,平均图距在 3.4~11.1 cM 之间,总平均距离 6.0 cM。

(二)创新与利用

1.大白菜

20世纪70年代我国部分科研单位开始开展大白菜一代杂种优势利用研究，80年代起利用丰富的资源育成了大量的大白菜杂种一代新品种，90年代起通过引进抗抽薹和耐热白菜资源，育成了一些抗抽薹或耐热的白菜品种资源。

结合胚培养技术，北京大学生物系及中国农业科学院等单位进行了大白菜和甘蓝远缘杂交，并得到了远缘一代杂种"白兰"。中国农业科学院生物技术中心从大白菜原生质体再生出植株，首次研制成功利用二、四倍体杂交培育白菜新四倍体的方法。

目前，大白菜杂种种子生产主要采用自交不亲和系和雄性不育系。青岛市农业科学研究所最早进行大白菜自交不亲和系选育，并于1971年育成福山包头自交不亲和系，并用此不亲和系育成一代杂种"青杂早丰"。张文邦(1984)利用5%的盐水在甘蓝开花时喷雾，克服了甘蓝的自交不亲和性，大大地提高了结实指数。在细胞核基因控制的雄性不育方面，20世纪70年代中国农业科学院首先育成了雄性不育两用系，之后，沈阳、北京、郑州等地于70年代陆续育成了大白菜雄性不育两用系，并配制出一代杂种。沈阳市农业科学研究所张书芳于1990年首次报道了不同于原有的二系法和三系法的大白菜核基因互作雄性不育系遗传模式，通过选育成甲型两用系和乙型两用系，进一步育成了细胞核基因互作的100%的雄性不育系88—1A，再用88—1A配制杂种一代应用于生产。沈阳农业大学园艺系(冯辉，1995)又报道了复等位核基因雄性不育系遗传模式。陕西省农业科学院蔬菜所柯桂兰(1992)将甘蓝型油菜玻里玛(Polima)胞质不育基因转育到大白菜中，育成了不育率100%，不育度大于95%的异源胞质大白菜雄性不育系，不育系蜜腺正常、苗期无异源胞质不良影响(苗期黄化)，并用此育成的不育系配制出了抗霜霉病、耐黑腐病的杂种一代，在生产上推广应用。

Sato等(1989)首先进行了大白菜游离小孢子培养。曹鸣庆等(1992)率先在国内开展了大白菜小孢子培养，并在1993年利用游离小孢子培养技术获得了抗除草剂的大白菜植株。栗根义等(1999，2000)将游离小孢子培养技术成功地应用于大白菜育种，育成了豫白菜11号、7号等。目前大白菜游离小孢子培养单倍体育种技术已成为加快育种进程的常用技术手段。

2.不结球白菜

国内学者在不结球白菜自交不亲和系选育方面做了一定的研究工作，但对其遗传、形态和生理生化还缺乏深入研究。史公军等(2001)采用亲和指数法和荧光显微镜观测法研究普通白菜自交不亲和性，发现自交不亲和性表现为在其授粉后的柱头上表面产生了明显的胼胝质反应，并与亲和指数法相吻合，可以用荧光显微镜法检测普通白菜的自交不亲和性。

沈火林等(2005)用玻里玛(Polima)甘蓝型油菜不育系向不结球白菜上转育，获得了100%不育的异源胞质不结球白菜雄性不育系(矮抗8A、19302A、19349A)和相应的保持系(矮抗8B、19302B、19349B)，幼苗生长正常，结实也正常。刘惠吉等(2004)以榨菜胞质雄性不育系为母本，同源四倍体不结球白菜(中白梗)为父本进行远源杂交及多代回交，获得表型及品质极似父本四倍体不结球白菜优良胞质雄性不育系，其不育率不育度皆为100%，蜜腺发育良好，结实性强。

耿建峰、侯喜林等(2007)，马丽华、沈火林等(2007)对影响不结球白菜游离小孢子培养关键因素及再生植株染色体倍性进行了研究，建立了游离小孢子培养的高频率单倍体再生技术体系。

第三节　芥菜类蔬菜种质资源学

一、起源、传播与分类

芥菜类蔬菜属于十字花科芸薹属植物芥菜种，在我国各地均有一定的分布，尤其以四川、浙江等省栽培面积较大。

中国芥菜可分为根芥、茎芥、叶芥及薹芥4大类，包括了16个变种(杨以耕、陈材林，1989)，其中根芥1个变种(大头芥)，茎芥3个变种(笋子芥、茎瘤芥、抱子芥)，叶芥11个变种(大叶芥、中叶芥、白花芥、花叶芥、长芥、凤尾芥、叶瘤芥、宽柄芥、卷心芥、结球芥、分蘖芥)，薹芥1个变种(薹芥)。芥菜的原生起源中心有多种观点，但大多数学者(特别是中国学者)认为芥菜种起源于亚洲(中国)。陈材林等认为中国是芥菜的原生起源中心或起源中心之一，西北地区是中国的芥菜起源地。我国芥菜公元前1～2世纪由黄河流域发展到长江中下游地区，公元5～6世纪传入四川盆地，公元6～7世纪扩展到岭南地区，公元11世纪全国各地均有芥菜栽培。公元5世纪之前主要是利用其种子作调味品。6～15世纪发展到利用其叶作蔬菜食用。16世纪发展到利用其根和薹作新鲜蔬菜或加工食用。18世纪发展到利用其茎作新鲜或加工蔬菜食用。20世纪中叶，人们发现了由黄花变为白花类型的白花芥、主茎营养期伸长成棒状的笋子芥、心叶内卷的卷心芥、长柄芥和抱子芥等(陈材林等，1984，1986；林艺等，1985)。说明现在芥菜物种还是在不断地演变发展。

芥菜类蔬菜中，引用星川清亲的结果，对芥菜的起源与传播如图8-2所示。

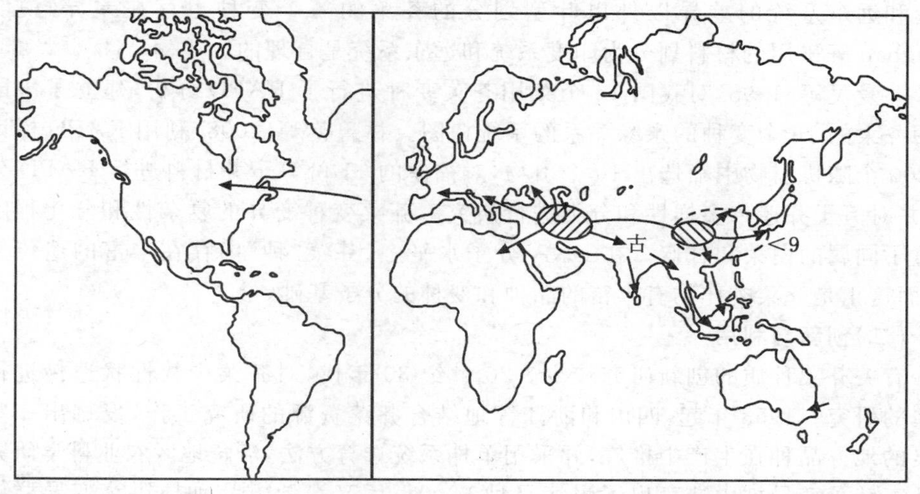

图 8-2 芥菜的起源传播示意图

二、收集与资源分布

中国芥菜资源丰富，至 2000 年底，我国已入库芥菜资源 1 508 份，其中芥菜资源的 72.5%分布在南方。入库资源中以叶用芥菜最多，其次是根用芥菜和茎用芥菜。特别是四川盆地，包括了 4 个大类，芥菜 16 个变种中的 14 个(花叶芥和结球芥除外)，近 1 000 份品种资源中四川有 400 余份。茎用芥菜中，四川占入库总数的 80.0%，浙江占 6.4%，湖南占 5.2%，南方其他各省资源较少，北方基本无茎用芥菜资源。

三、研究、创新与利用

(一)遗传多样性研究

童南奎等(1991)对芥菜的 6 个变种进行了染色体核型分析。王建波等(1992)对芥菜的 12 个变种进行分析的结果表明：在核型水平上，芥菜各变种的外部形态的差异与染色体的倍性和数目没有直接关系，而与染色体结构改变、随体数目差异和位置排列的不同有关。

Vaughan 等对芥菜进行了电泳、层析以及血清学 3 方面的分析，测定了 146 份材料的蛋白质光谱，证明来源于印度及来源于远东的芥菜材料(包括中国的叶芥的类型)蛋白质含量的变异范围很宽。通过蛋白质血清学反应的差异证明除了印度系统和远东系统的差异以外以叶型划分的芥菜的4个变种也存在差异，说明Vaughan等采用的材料划分为印度系统和远东系统是合理的。

乔爱民等(1998)对我国16个菜用芥菜变种进行了RAPD分析，建立了中国菜用芥菜的16个变种的亲缘关系的系统树图。林碧英等(2008)利用RAPD标记从200个随机引物中筛选出10个引物，对福建的11份笋子芥材料进行RAPD分析，并对笋子芥遗传多样性和分类进行研究。芥菜变种变异的复杂性和分化程度超过了同属的白菜和甘蓝。在DNA分子水平上，芥菜“种”内存在丰富的遗传变异，而这正是芥菜类作物有丰富的品种和变种的分子基础。

(二)创新与利用

有关芥菜种质的创新研究较少。20世纪30年代，对芥菜少数性状遗传进行简单的研究。1953年起，四川和浙江等地结合芥菜资源的研究工作，发掘出一些优良的地方品种在生产中推广，并采用单株系统选育方法，涪陵地区农业科学研究所从三转子变异株中选育出了耐病品种63001；后又在地方品种柿饼菜变异群体中，系统选育得到优良新品系014；还选育出丰产性好、适应性强、耐病毒病、抽薹晚的优良茎瘤芥品种涪丰14号。经系统选育育成的品种还有永川临江儿菜、川农1号儿菜和浙桐1号茎瘤芥、早园1号茎瘤芥、早园2号茎瘤芥等。

第四节　甘蓝类蔬菜种质资源学

一、起源、传播与分类

甘蓝种起源于欧洲地中海至北海沿岸，属于十字花科芸薹属植物，包括结球甘蓝、羽衣甘蓝、抱子甘蓝、花椰菜、青花菜、球茎甘蓝等变种。结球甘蓝按叶片特征可分为普通甘蓝、皱叶甘蓝、紫甘蓝，其中以普通甘蓝在我国栽培较普遍。

甘蓝种结球甘蓝自16世纪开始传入中国，有3条途径：一是由俄罗斯传入中国黑龙江及新疆等地；二是由缅甸传入中国云南；三是通过海路传入东南沿海。普通结球甘蓝按叶球形状分为圆球形、平头形和尖头形3种生态型。花椰菜由甘蓝演化而来，它于19世纪中叶传入我国南方，可分为极早熟、早熟、中熟、晚熟4个生态类型。青花菜19世纪初传入美国，后传入日本，19世纪末或20世纪初传入中国。青花菜根据花球花蕾的大小可分为细蕾和大蕾类型。球茎甘蓝16世纪传入中国，根据球茎皮色可分为青、白和紫苤蓝，大多数品种是绿色的。抱子甘蓝在中国栽培较少，从国外引进的品种也很少，根据植株高度可分为高、矮两种类型，根据叶球大小可分为大抱子甘蓝和小抱子甘蓝。

甘蓝类蔬菜中，引用星川清亲的结果，对甘蓝的起源与传播如图 8-3 所示。

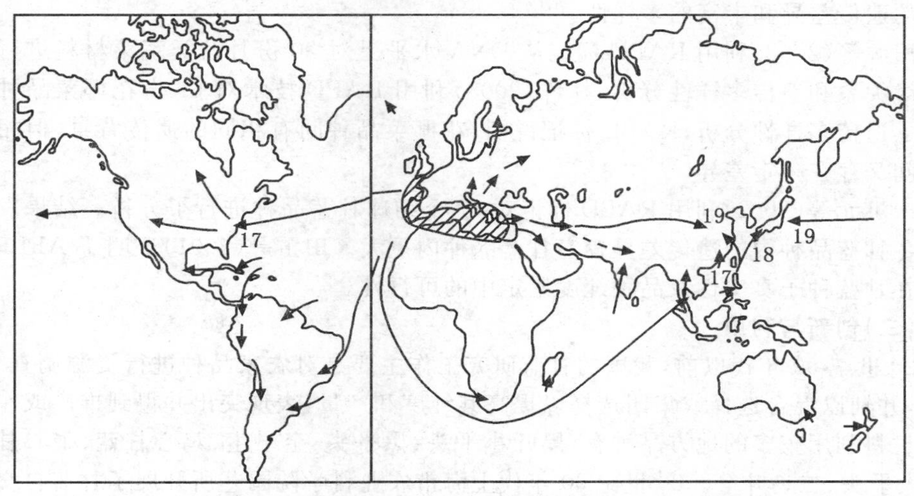

图 8-3　甘蓝的起源传播示意图

二、收集与分布

至 2006 年，我国已入库结球甘蓝 223 份、球茎甘蓝 104 份、花椰菜 128 份、嫩茎花菜 4 份、芥蓝 90 份。

结球甘蓝资源在全国均有分布，但以西南和华北地区分布较多，分别占入库资源总数的 24.5%。球茎甘蓝资源也以西南和华北地区分布较多，分别占入库资源总数的 41.0%、34.7%左右。芥蓝的资源分布主要集中在广东，占芥蓝种质资源入库总数的 87.8%，北方几乎没有资源分布。花椰菜资源以华南最多，占资源总数的 45%以上，其次为西南占 25%，西北和华东各占 11.5%。

三、研究、创新与利用

(一)性状鉴定和遗传多样性研究

结球甘蓝资源的品质研究主要集中在营养成分含量、质地风味和有害物质含量等 3 方面。在甘蓝类中，羽衣甘蓝的茎叶含有最高的干物质，抱子甘蓝的叶和芽中干物质也很高。羽衣甘蓝、抱子甘蓝和花椰菜含有较多的蛋白质和半纤维素。甘蓝中硫代葡糖苷的含量与其风味和卫生品质有重要关系。

张静(2008)对 21 份芥蓝种质资源进行了形态学分析，结果表明，第一侧枝位置、叶柄颜色、花瓣颜色、花蕾颜色等农艺性状存在显著差异，芥蓝种质资源存在极显著的遗传差异和丰富的多样性。

田源等(2008)利用 RAPD 标记从 DNA 水平上对 30 份甘蓝类蔬菜材料进行了亲缘关系和遗传多样性分析，林珲(2008)利用 RAPD 技术对 61 份花椰菜品种进行了遗传多样性分析；RAPD 标记说明，花椰菜品种间有相同的遗传背景，但相互之间又存在一定差异。

宋洪元等(2002)利用 RAPD 标记对 17 个结球甘蓝品种进行了分析。结果发现秋冬甘蓝品种内的遗传差异较春甘蓝品种内更大。田雷等(2001)证明了 AFLP 技术在甘蓝种子真实性及品种纯度鉴定中的可行性。

(二)创新与利用

20 世纪 60 年代以前，我国的甘蓝研究工作主要是对农家品种进行资源调查、整理，并辅以混合选择或集团选择以提高其纯度和产量，表现突出并得到推广或作亲本材料利用较多的地方品种有：黑叶小平头、黑平头、金早生、鸡心甘蓝、牛心甘蓝、大平头、二乌叶等。20 世纪 60 年代上海市农业科学院园艺所开展了甘蓝自交不亲和系的研究选育工作，从黑叶小平头资源中选出自交不亲和系 103 等品系，1974 年用此自交不亲和系育成了杂种一代新品种“新平头”，1978 年育成耐高温、适于夏秋栽培的“夏光”甘蓝。20 世纪 70 年代中国农业科学院蔬菜研究所和北京市农林科学院蔬菜研究所先后利用自交不亲和系育成了一系列早中晚熟配套的甘蓝杂种一代——京丰 1 号、报春、秋丰、庆丰、双金、园春、晚丰等。以后相继有许多单位育成了一大批优良的杂种一代新品种，较有代表性的品种有中甘 11 号、8398、西园 2 号、西园 3 号、东农 606 等。

目前，甘蓝杂种种子生产主要采用自交不亲和系和雄性不育系。张文邦(1984)利用 5%的盐水在甘蓝开花时喷雾，克服了甘蓝的自交不亲和性，大大地提高了结实指数。这一方法进一步促进了自交不亲和系在甘蓝等十字花科杂种一代上的应用。方智远等(1983)从小平头甘蓝自然群体中发现了由隐性单基因控制的核遗传类型的雄性不育材料 83121 ms，1995 年中国农业科学院蔬菜花卉所首次在国内报道了由一对显性主效核基因控制的甘蓝雄性不育，并应用于配制杂种一代。细胞质雄性不育研究与利用主要集中在萝卜细胞质不育(OguCMS)和玻里玛细胞质不育(PolCMS)，美国、法国等学者利用原生质体非对称性融合方法，克服了 OguCMS 生长势弱、低温下心叶黄瓜和蜜腺退化等问题，中国农业科学院等单位已从国外引进改良的 OguCMS，并开始应用于甘蓝杂种种子生产中。

20 世纪 90 年代以来，国内开展了结球甘蓝的游离小孢子培养研究，获得了大量的 DH 系，游离小孢子培养技术已逐步应用于结球甘蓝等甘蓝类蔬菜的种质创新研究中。

第五节　茄果类蔬菜种质资源学

一、起源、传播与分类

茄果类蔬菜属于茄科植物，主要包括番茄、辣椒、茄子、酸浆、人参果(香瓜茄)等。

(1)番茄原产于南美洲的秘鲁、厄瓜多尔、玻利维亚。16 世纪由墨西哥传入欧洲，大约在 17、18 世纪，传入我国南方沿海城市，称为番茄；以后由南方传到北方称为西红柿。番茄属有多种分类法，目前普遍接受的是 Rick 的分类法，即将番茄分为普通番茄复合体亚种(含 7 个种 8 个亚种)、秘鲁番茄复合体亚种(含 2 个种 2 个变种)、茄属(非番茄属，含 1 个种)等 3 个亚属。

(2)辣椒原产于中南美洲热带地区。辣椒属有 20～30 个亲缘和远缘野生种，国际植物遗传资源委员会(IBPGR，1983)将辣椒属(*Capsicum*)的栽培种确定为 5 个种，即一年生椒(*C. annuum*)、铃椒(*C. pendulum*)、茸毛椒(*C. pubescens*)、灌木状椒(*C. frutescens*)和 *C. chinense*。其中 *C. annuum* 是本属中变异最丰富、目前栽培最广泛的一个种，它起源于墨西哥；*C. pendulum* 和 *C. pubescens* 起源于秘鲁和玻利维亚；*C. frutescens* 和 *C. chinense* 起源于亚马逊河流域。栽培辣椒种以下的变种分类，国内一般采用贝利的分类方法。贝利(1923)认为，林奈所划分的一年生椒和灌木状椒同是一种，这个种分为 5 个变种：即樱桃椒(var. *cerasiforme* Bailey)、圆锥椒(var. *conoides* Bailey)、簇生椒(var. *fasciculatum* Bailey)、长椒(var. *longum* Bailey)和灯笼椒(甜柿椒类，var. *grossum* Bailey)。我国明末《花镜》草花谱中就有辣椒的记载，辣椒传入我国，一经“丝绸之路”传到甘肃、陕西等地；另一经东南亚海路传到广东、广西和云南等地。我国也是辣椒的次生起源中心之一。我国栽培辣椒的性状变异极为丰富，我国传统上按果形分为牛角椒、羊角椒、朝天椒、线椒、圆锥椒、灯笼椒等，按熟性分为早、中、晚熟等品种，按辣味程度分为辛辣、半辣、甜椒等。

(3)茄子原产于印度、缅甸、中国的海南省和云南等地，也有的观点认为中国是茄子的次生起源地。但国内外对茄子的研究较少，对茄子的分类也各不相同，国内较常用的是按茄子品种的果实形态分为卵茄、圆茄、中长茄、长茄等，或简单地分为圆茄、长茄和矮茄。

(4)酸浆为酸浆属多年生宿根草本植物，原产中国，全国各地仍有野生资源分布。

(5)人参果为茄科茄属，原产南美，在安第斯山脉和秘鲁等地自古栽培，20 世纪末传入中国作为特菜栽培。

茄果类蔬菜中，引用星川清亲的结果，对番茄、辣椒及茄子的起源与传播分别如图 8-4、图 8-5、图 8-6 所示。

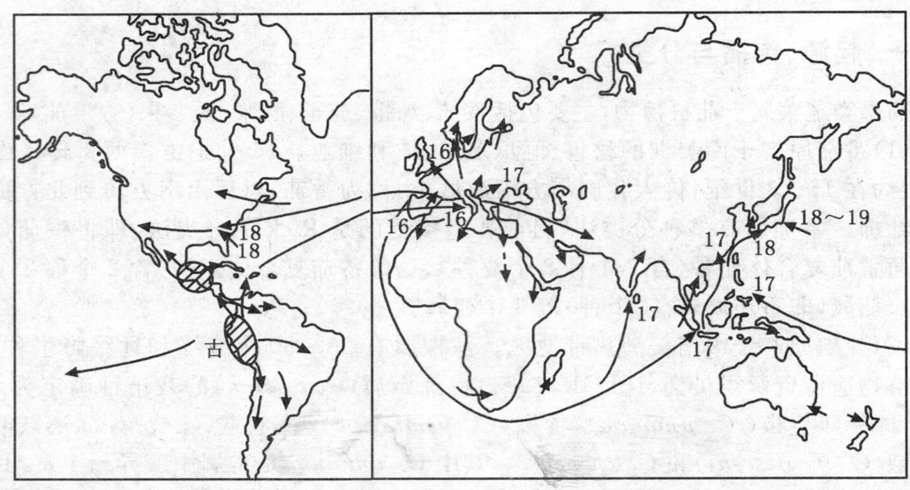

图 8-4　番茄的起源传播示意图

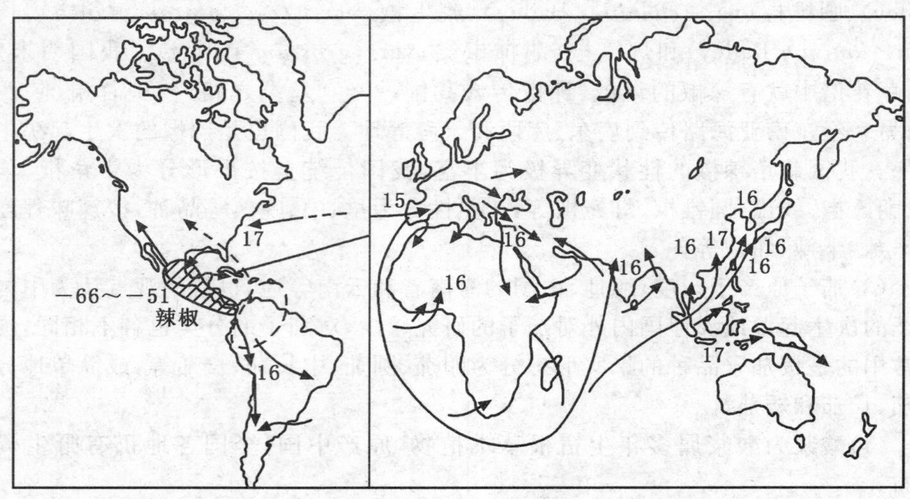

图 8-5　辣椒的起源传播示意图

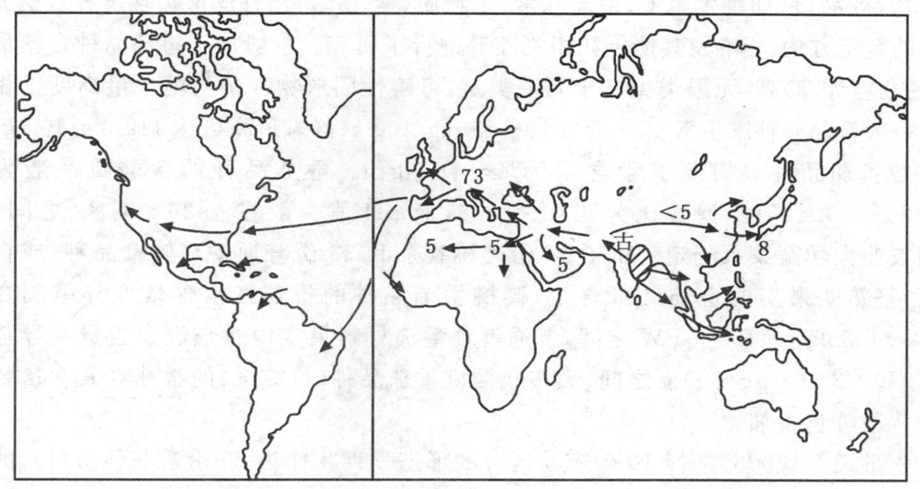

图 8-6　茄子的起源传播示意图

二、收集与分布

番茄是世界上普遍栽培的主要蔬菜作物，据 IBPGR 报道，全世界搜集番茄种质资源到 1990 年已超过 40 000 份，这些材料主要收藏在 11 个研究单位，其中设在中国台湾省的 AVDCR（Asian Vegetable Research and Develepment Center）6 074 份，美国农业部（USDA，US Department of Agriculture）6 439 份，前苏联 5 500 份，荷兰 2 000 份，古巴 1 070 份，加州大学戴维斯分校的 TGRC（Tomato Genetic Resource Certer）3 000 份，日本农业资源研究所 452 份，秘鲁 586 份，德国 2 600 份，美国纽约引种中心 4 850 份，美国新泽西农业科学院 4 572 份。中国至 2006 年已入库保存番茄资源 2 257 份。

我国的辣椒资源相当丰富，到 2006 年我国已入库辣椒资源 2 194 份。我国 65.7%的辣椒资源分布在南方，尤以西南 3 省辣椒的类型最丰富。

目前已入库茄子资源 1 601 份、酸浆资源 37 份。

三、研究、创新与利用

（一）番茄

1. 性状鉴定和遗传多样性研究

国内“七五”和“八五”期间，攻关协作组对番茄主要农艺性状、商品品质、风味品质、营养品质(如维生素C、番茄红素、干物质、糖、酸、可溶性固形物含量等),相关性状的鉴定方法、标准及其遗传和相关性等进行了研究。一般加工番茄品种含糖量(以葡萄糖计算)高,无限类型高于有限类型,可溶性固形物含量与糖含量高度正相关。一般番茄品种维生素C含量为10～25 mg/100 g(鲜),最高可达119 mg/100 g;大多数番茄品种β-胡萝卜素含量为4～10 μg/g。番茄品种的含酸量一般为0.273%～0.416%,糖酸比为6.9～10.8,而pH值一般在4.26～4.82之间。中国农业大学蔬菜系测定分析了17份樱桃番茄和33份普通番茄鲜食品种(或自交系)坚熟期果实的番茄红素含量,樱桃番茄品种的番茄红素含量变异范围在1 702～6 389 μg/100 g FW之间,普通鲜食番茄材料果实内番茄红素含量变异范围在979～3 408 μg/100 g之间,大多数樱桃番茄品种(自交系)的番茄红素含量要高于普通鲜食番茄。

张洪溢等(2003)选择10个容易区分的形态学性状作为29份番茄种质材料的主要田间鉴别指标,应用这10个性状基本上达到区分不同品系和株系的目的。王日升等(2005)用11个形态学性状检测了11个番茄栽培品种的遗传多样性。金凤媚等(2006)则通过测定番茄品质特性的遗传多样性,将番茄品种资源分成了4大类群。

利用分子标记技术进行了番茄种质资源分类、遗传多样性和品种鉴定的研究。Majid(1993)比较了同工酶、RFLP和RAPD等3种标记法分析4个番茄品种多态性的效果,证明RAPD技术可以产生足够多的标记来挖掘番茄品种间的序列多态性。Villand等(1998)对亚洲蔬菜研究与开发中心(AVRDC)保存的部分番茄品种以RAPD方法进行了研究和比较,发现从厄瓜多尔、秘鲁和智利来源的品种间的差异大于来自其他区域的品种,在普通番茄内部的品种中存在地理区域引起的差异。Egashir等(2000)对番茄属9个种的50份资源材料进行RAPD标记聚类分析,证明秘鲁番茄和智利番茄种内不同品种间的平均遗传距离都大于普通番茄。李景富等(2004)对番茄属9个种43份材料进行了RAPD分析,依此进行聚类分析将番茄属分为4个类群,野生类群中存在着更丰富的遗传变异类型。朱海山(2004)用RAPD技术将27份番茄品种划分为6大类群,其分类与形态学上的分类基本一致,且发现番茄各栽培品种之间的遗传背景十分狭窄。于拴仓等(2005)利用3条引物组合可以将22个樱桃番茄品种区分开来,获得了各品种独特的核酸指纹。温庆放等(2006)对32个樱桃番茄品种进行RAPD分析,遗传距离D值在0.33水平上,能将供试材料聚为3类:野生种聚成1类,果皮为黄色和少数红色品种聚成1类,全部是红色聚成1类;此外,还发现樱桃番茄品种表现出一定的聚集趋势。

2. 种质创新与利用

国内外对番茄资源的遗传研究较多，至今发表的番茄基因数目已达 1 100 多个，国外已绘制出番茄基因的连锁图。国内相关育种单位对抗番茄病毒病、枯萎病、黄萎病、叶霉病、疫病、疮痂病、根结线虫等进行了资源的筛选和创新研究，并育成了大量的抗病杂交新品种。华南农业大学、广东省农业科学院、广西壮族自治区农业科学院、湖南省农业科学院等单位已分别筛选到一批抗性较强的番茄资源材料，同时已育成一些抗青枯病的新品种，如抗青 1 号、抗青 5 号、夏星、丰顺号、红牡丹等。

20 世纪 70～80 年代开始，从国外引进了大量的番茄抗病资源。在引进的番茄抗 TMV 资源中，我国利用最多的品种资源有强力米寿（具有 *TM*-1 基因）、Manapal（具有 $Tm\text{-}2^{nv}$ 基因）、OhioMR-12（具有 $Tm\text{-}2^{a}$ 基因）、OhioMR-9（具有 $Tm\text{-}2^{a}$ 基因）等，利用这些资源迅速育成了一大批抗 TMV、耐 CMV，兼抗叶霉病、枯萎病或青枯病的多抗番茄新品种。如江苏农业科学院蔬菜研究所育成了苏抗 1～9号和霞粉等杂交种，佳抗长红、抗丽等加工西红柿品种和长龄耐储西红柿品种；西安市蔬菜所育成了早魁、早丰、中丰、毛粉 802、西粉 1 号等一系列抗病品种；浙江省农业科学院园艺所（蔬菜所）、浙江农业大学园艺系、上海农业科学院园艺所、重庆市农业科学研究所、东北农学院园艺系、新疆农业科学院园艺所等都用此抗源育成了抗 TMV 的西红柿品种。西安市蔬菜所利用引进的番茄资源育成了 50％植株长有白色茸毛的毛粉 802 等系列品种，可避蚜虫和白粉虱，同时可显著地减轻病毒（特别是 CMV）的发生。

番茄上目前已发现了抑制成熟基因（*rin*）、不成熟基因（*nor*）、阿考帕尔（*alc*）、永不成熟基因（*Nr*）、长贮基因等控制成熟的迟熟基因。江苏省农业科学院已利用 *nor* 迟熟基因，育成了“长龄”耐储运品种（同时含有 $TM\text{-}2^{nv}$ 基因）；中国农业大学蔬菜系利用 *rin* 基因育成了耐储运的番茄品种“农大 0131”。华中农业大学的叶志彪等已成功地利用反义 RNA 基因转入番茄，延长果实的货架期，并用转反义 RNA 基因的材料作亲本育成耐储运的杂种一代“华番 1 号”，1997 年正式通过农业部转基因番茄品种安全性检测，获准可进行商业化操作。中国科学院也用“丽春”番茄转成反义 RNA 转基因番茄，并育成“大东 1 号”耐贮番茄。1997 年通过“农业部安全检测的项目”的还有“转基因抗黄瓜花叶病毒（CMV）番茄”（陈章良）。

目前栽培番茄中利用的抗病基因主要是由栽培种与野生番茄经远缘杂交转育到栽培番茄中的，所以开展番茄野生种质资源的研究和利用工作，是提高番茄育种水平的关键之一。番茄野生种质资源包括以樱桃番茄为代表的野生普通番茄和8个野生近缘种及1个属间野生种。目前除了对野生种质开展抗病研究外，已逐渐重视和开展抗虫、抗寒、高营养品质等优良基因的利用研究。

柴敏等(2006)从番茄属近缘野生种 *L. pennellii* 的16份核心种质中发现，除LA1920高感红蜘蛛外，其余15份均对红蜘蛛表现出明显的抗性，且1份表现免疫、12份表现高抗；野生材料单株上的蚜虫数均明显少于栽培番茄，其中9份材料对蚜虫表现免疫，7份表现高抗。近年来，QTL分析(Quantitative Trait Loci, QTL)已成为蔬菜作物分子标记研究和应用的热点之一。Tanksley等(1997)应用一种发掘和利用野生材料优良QTL的育种方法——高代回交QTL法(AB-QTL)，将野生种 L. hirsutum 的特异QTL导入到加工番茄品种E6203中，使其产量增加48%，可溶性固形物含量增加22%，番茄红素含量增加33%。

(二)辣椒

1. 性状鉴定与遗传多样性研究

“七五”期间，对入库的1 018份辣椒资源的抗病性、品质等性状的系统鉴定比较(濮治民，1992)结果表明，辣椒的鲜紫熟果维生素C含量变异幅度为30～356.14 mg/100 gFW，维生素C含量大于300 mg/100 gFW的特高辣椒材料13份，有河南新郑线椒、福泉长线椒、贵阳尖山牛角椒、贵州岭辣椒等。一般辣味型品种维生素C含量高于甜味型品种；辣椒素含量变异幅度在0%～1.11%，含量大于0.41%的仅38份，品种有福顶黄辣椒、同安细米椒等；干物重含量特高(>20%)的辣椒材料51份(如百宜平面椒达22.2%)，小果型的辣椒干物质、维生素C及辣椒素含量偏高。相关分析表明，甜椒单果体积、单果重、果长、果宽等外观品质与维生素C、可溶性糖、β-胡萝卜素含量、干物质重等营养品质性状间大多存在负相关，说明外观品质与营养品质间的矛盾是普遍存在的，但两类性状间的负相关并未达到显著水平，因此，甜椒育种中，外观品质和营养品质的改善有可能同时进行。筛选出抗疫病材料60份，抗炭疽病材料107份，抗CMV材料161份，抗TMV材料218份；82份兼抗TMV和CMV的兼抗资源；同时抗TMV、CMV、炭疽病的材料25份。结合上述多项性状指标，综合评价出9份高抗、多抗或品质性状突出的优异资源：Ⅱ6C0072、Ⅱ6C0189、Ⅱ6C0347、Ⅱ6C0610、Ⅱ6C0675、Ⅱ6C0677、Ⅱ6C0685、Ⅱ6C0812、Ⅱ6C1042；在上述鉴定和评价的基础上，王述彬等对“七五”和“八五”初评的154份优异辣椒种质资源在江苏、湖南、辽宁3个不同生态区进行田间抗病性、经济性状等多年多点综合评价，鉴定出15份材料抗烟草花叶病毒(TMV)、11份材料抗黄瓜花叶病毒(CMV)、7份材料抗炭疽病、17份材料抗疫病，

7 份材料维生素 C 含量极高，4 份材料辣椒素含量极高。最后筛选出“四川巫山小牛角”、“广西玉林羊角椒”和“云南思茅县大米椒”3 份表现最优异的种质资源，可直接用于目前辣椒生产或作为抗源材料用于辣椒抗病育种。

不同类型辣椒资源抗 TMV 有显著差异，抗性较强的多为辣味品种，而甜椒类型对病毒病抗性较弱；而不同类型辣椒品种资源对 CMV 抗性无显著区别；不同类型辣椒资源对炭疽病抗性有显著差别，由强到弱依次为朝天椒、牛角椒、羊角椒、小辣椒、柿子椒。辣椒抗 TMV 和 CMV 呈显著的正相关。起源于湖南、湖北地区的辣椒资源抗 CMV、TMV 能力较强，早熟、耐寒品种资源抗 TMV、CMV 能力较强。不同类型辣椒对疫霉的抗病性差异达到显著水平，其相对抗病性依次为皱皮椒＞朝天椒＞甜椒＞牛角椒＞羊角椒＞线椒＞尖椒＞柿子椒。来源于贵州、云南、湖南、湖北和四川的牛角椒对疫霉的抗病性具有显著差异，以贵州的牛角椒资源抗疫病能力最强，其次是云南和湖南的牛角椒；而来源于不同地区的线椒、羊角椒、尖椒等的抗病性无显著差异。

滕有德(2003)认为，辣椒多样性在抗逆性上表现非常丰富，如一年生辣椒中樱桃椒、圆锥椒、簇生椒耐热、耐旱，而灯笼椒喜冷凉、耐旱能力弱；长角椒适应广泛。各变种内早熟品种耐寒不耐热，晚熟品种则不耐寒而耐热。一年生辣椒中樱桃椒、圆锥椒、簇生椒耐强光，不耐弱光在塑料大棚内易徒长；长角椒则较耐弱光，特别是早熟品种如伏地尖在塑料大棚内不徒长等。

Lefebrve 等(1992)用 RFLP 标记证明甜椒的多态性远低于辣椒，这说明甜椒的遗传背景更为狭窄。马艳青等(2003)利用 RAPD 技术对来自于亚洲蔬菜研究与发展中心、云贵高原、湖南、四川、日本、美国、韩国等地的 46 份辣椒种质资源进行了多样性分析，并将供试材料分为 6 大类。

黄三文等(2001)筛选出 12 个较稳定的 RAPD 标记，可用于“中椒”系列辣椒的 9 个杂交种的纯度鉴定。

2. 种质创新与利用

我国的辣椒育种实践非常重视优良品种资源的应用。如我国利用从德国引入的“茄门”甜椒为亲本育成的甜椒新品种占国内新育成甜椒品种的 50%以上(20 世纪 90 年代前)；张继仁(1980)对收集到的湖南省 33 个市(县)的 35 个辣椒产区 53 份辣椒品种材料进行了鉴定研究，筛选出衡阳伏地尖、河西牛角椒、湘潭迟班椒、长沙光皮椒、长沙灯笼椒、祁阳矮秆早等优良品种。通过进一步的系统选择，育成了在全国大面积推广的新品种伏地尖 1 号、21 号牛角椒和湘晚 14 号，以后这些优良地方品种又作为湘研、中椒、苏椒系列杂交品种的骨干亲本，在辣椒杂种优势利用中发挥了重要作用。滕有德等1996—1997年对三峡库区的云阳、涪陵等10县市的辣椒种质资源进行了考察，收集到的71份辣椒资源中，忠县涂井朝地簇生椒、云阳凤鸣七姊妹和忠县马灌簇生椒3个簇生椒是可供直接利用的品种。钟霈霖(1999)对贵州省124份辣椒资源的分布情况，生物学特性及品质进行了分析，筛选出了5个珍贵高品质辣椒品种福泉长线椒、贵阳尖山牛角椒、独山拉岭辣椒、百宜平面椒和贵阳菜椒。

国内的多家育种单位通过引种、资源的筛选和杂交选择等进行了种质的创新，育成了许多抗TMV、耐CMV、耐(或抗)疫病的多抗、优质辣椒新品种，并成功地分别将胞质互作雄性不育和核雄性不育类型辣椒资源应用于杂种优势中。张宝玺等(2005)利用国外引进的2个抗疫病的商业品种，通过系谱法选择，获得了6个园艺性状普遍优于茄门、对疫病达到抗病和高抗水平的株系，其中有4个株系兼中抗CMV和TMV，另有1个株系兼抗CMV。其中20079-0-3-1-27和20080-0-1-3-29综合表现尤其突出。

滕有德(2003)报道，辣椒遗传多样性利用最多、最成功的是熟性。“六五”、“七五”、“八五”期间育出了早丰1号、湘研1号、早杂2号等较有影响的早熟、极早熟菜椒杂交品种，“九五”、“十五”期间又育成湘辣1号、川辣2号等早熟干鲜两用线椒杂交种。这些品种都是利用了早熟或极早熟和其他熟性等多样性材料。大果型中熟或中早熟热门品种如湘研13号、汴椒1号、宁椒5号也是利用了不同熟性的材料育成。此外，辣度、植株高度、果实形状大小等多样性利用均有成功的典型。果实颜色多样性在生产上和家庭观赏方面用得较多。

辣椒离体组织培养中易产生丰富的变异。沈火林(1993、1994)、周钟信(1994)、曹冬孙(1993)、王玉文(1991)等分别对辣椒子叶和下胚轴离体再生及再生株的变异进行了研究。结果表明辣椒品种资源的离体再生能力有明显差异。以子叶为外植体再生的植株，变异率达10%(沈火林)，多代观察表明变异是可遗传的，且性状稳定，没有分离。安徽省农业科学院宋宗森利用无性系变异，以辣椒茎节为外植体，由不定芽再生植株，育成了生长势强、熟性早、耐贫瘠、抗逆性强的“安体辣椒”品种，并于1991年通过安徽省品种审定。

通过花药培养单倍体技术进行辣椒种质资源的创新和利用研究成绩显著。王玉英等1973年首次报道通过花药培养得到辣椒单倍体幼苗。其后海淀区农业科学研究所、张家口市蔬菜所等单位分别对影响胚状体诱导率的多种因素进行了研究。经30多年的不断研究，已形成了一套较为完善、实用、高效的辣椒花药培养单倍体育种技术，胚状体的诱导率可高达27%左右。辣椒花培后代能产生丰富的遗传变异,能创造出新的辣椒遗传资源。如北京市海淀区农业科学研究所从常规品种“保加利亚辣椒”、“四方头甜椒”、“782031 甜椒”的花培后代中,分别育成了与原常规品种性状有明显区别的“海花 1 号”、“海花 2 号”和“海花 3 号”等新品种。

转基因技术在辣椒育种上也开始引用。董春枝等 1992 年报道用农杆菌 Ti 质粒导入抗 *CMV* 基因,获得了 89-1 甜辣椒品种的转基因植株。张宗江等(1994)以根癌农杆菌的 Ti 载体系统,将黄瓜花叶病毒外壳蛋白(*CMV*cp)基因转入辣椒,并再生出后代染色体上带有 *CMV*cp 基因的转基因植株。陈章良等的“转基因抗黄瓜花叶病毒(CMV)甜椒”已于 1997 年通过“国家农业基因工程安全评价”,获准“环境释放”。

(三)茄子

中国农业科学院蔬菜花卉所对入库的 1 013 份茄子材料进行了抗黄萎病鉴定,没有发现抗病材料,仅筛选出中抗黄萎病材料 4 份,耐病材料 33 份。中抗材料有长汀本地茄(Ⅱ6B0506),其余均为野生茄,分别是刚果茄(Ⅱ6B0301)、野生茄(Ⅱ6B0980)和观赏茄(Ⅱ6B0345);耐病品种中以长茄类型为多。江苏省农业科学院蔬菜研究所易金鑫等对 266 份茄子资源的抗黄萎病鉴定结果也未发现抗病材料。林密等对 51 份茄子栽培种和野生种资源进行了抗黄萎病鉴定,筛选出高抗资源 2 份,分别为日本引入的野生种 Torum 和云南省引入的野生茄;抗病资源 4 份,分别为赤茄(日本引入野生种)和 3 份黑龙江省地方品种资源(98-2、98-5、QK-7)。

目前日本和中国等已利用野生种培育出多个茄子抗病砧木,并开始开展野生种与栽培种杂种转育目的基因的研究工作。但总的来看,国内外对茄子种质资源的研究不够深入。

茄子品种进化背景复杂,它不仅能够近交而且能够远源杂交(Daunay 等,2001),这使据形态学参数在对其进行分类和遗传多样性的研究中有一定的局限性。Rihaloo 和 Gottlieb(1995)、Iasshiki 等(1994)、毛伟海等(2006)、Furini 和 Wunder(2004)、Ihaloo 等(1995)用 RAAD 标记方法对 27 份茄子栽培品种及 25 份近缘野生种的遗传多样性进行了比较分析,封林林等(2002)也用同样的方法对来自不同国家的 35 份茄子种质资源进行了亲缘关系的分析,所得结论与形态分类法基本一致。王秋锦等(2007)用 RAPD 分子标记的方法对来自不同国家的 34 份茄子品种进行遗传多样性分析,表明品种间丰富的遗传多样性。王纪方等(1975)在茄子花药培养中,通过胚状体获得了单倍体植株,选育成茄子单倍体 B-18 品系。黑龙江省农业科学院园艺所(1977)用花药培养方法育成了茄子新品种龙单 1 号。程继鸿(2000)以七叶茄为材料,在弱光胁迫下进行花培,并获得茄子耐弱光细胞变异株。连勇等(2001)用直接培养游离小孢子的方法经愈伤组织得到了四倍体杂种植株小孢子再生植株。通过原生质体融合技术,将野生茄子(*Solanum torvum*)中的抗黄萎病基因转到普通茄子中获得了抗黄萎病的育种材料,对26份体细胞融合后代及11份花粉培养后代材料的田间鉴定和评价表明,在相同环境条件下这些材料对黄萎病表现出一定的抗性,但大多数材料仍表现野生性状;室内抗青枯病鉴定结果表明,多数种间杂种表现为抗青枯病。

第六节　瓜类蔬菜种质资源学

一、起源、传播与分类

瓜类蔬菜主要包括黄瓜、冬瓜、西葫芦(美洲南瓜)、中国南瓜、笋瓜(印度南瓜)、丝瓜、苦瓜、瓠瓜、蛇瓜、节瓜、佛手瓜等。

黄瓜起源于印度北部喜马拉雅山地区到尼泊尔附近,并在中国形成次生起源中心。黄瓜分类方法较多,谭其猛先生将黄瓜分为华北型、华南型、南亚型、西方酸渍用型、西方鲜用型黄瓜等5类。黄瓜传入中国主要有两个途径:一是公元前122年,汉武帝时张骞出使西域经新疆(丝绸之路)将黄瓜种子带入我国北方,驯化而成为目前的华北型黄瓜;二是从印度经缅甸及东南亚等地经海路传入中国华南,并进一步被驯化形成华南生态型,我国北方栽培的地黄瓜和旱黄瓜也属此类型。

冬瓜属葫芦科冬瓜属,原产于中国南方和东印度。根据果形大小可把冬瓜分成大果型和小果型品种,按果皮蜡粉的有无分为粉皮冬瓜和青皮冬瓜。

中国南瓜起源于中南美洲,可分为圆南瓜和长南瓜两个变种,在中国有很长的栽培历史。

笋瓜起源于南美洲的玻利维亚、智利和阿根廷等国,中国的笋瓜可能由印度传入。笋瓜可分为黄皮、白皮及花皮笋瓜等。

西葫芦原产北美洲南部,19世纪中叶中国开始栽培。按植株性状可将西葫芦分为矮生、半蔓生和蔓生3类型。另外西葫芦中还有珠瓜和搅瓜(金瓜)两个变种。

丝瓜、苦瓜起源于亚洲热带地区,丝瓜在6世纪传入中国,丝瓜分为普通丝瓜(*Luffa cylindrica* Roem)和棱丝瓜(*Luffa acutangula* Roxb)两个种。而苦瓜果实的形状也较丰富,果色有深绿、绿和白等品种类型。

瓜类蔬菜中,引用星川清亲的结果,对黄瓜的起源与传播如图8-7所示。

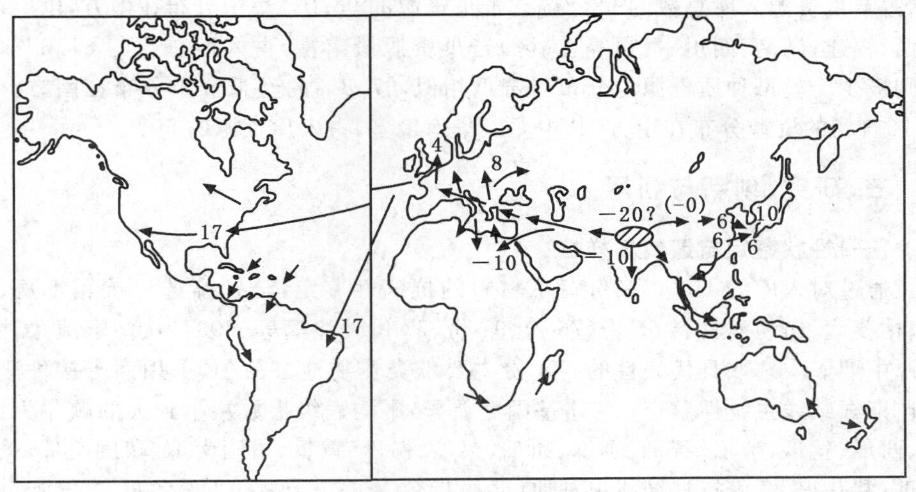

图 8-7 黄瓜的起源传播示意图

二、收集与分布

(一)黄瓜

至 2006 年我国已入库保存黄瓜资源 1 521 份。李锡香等对我国入库的 1 434 份黄瓜资源的来源及遗传多样性研究表明:我国黄瓜资源主要分布在华北(占 26.3%)和华东地区(占 25.5%),其次是东北地区,其他地区的分布相对均匀。其中 1 393 份为国内资源,占总数的 97.1%;国外引入资源仅 41 份,占总数的 2.9%。

(二)其他瓜类蔬菜

至 2006 年我国已搜集入库冬瓜资源 299 份,西葫芦(美洲南瓜)403 份、中国南瓜 1 114 份、笋瓜(印度南瓜)371 份、黑子南瓜 3 份、丝瓜 524 份、苦瓜 202 份、瓠瓜 255 份、蛇瓜 8 份、西瓜 1 112 份、甜瓜 1 244 份、节瓜 69 份、菜瓜 112 份、越瓜 10 份、其他瓜类 3 份。

冬瓜资源的 60.1%分布在南方,主要分布在广东、湖南、福建、江苏等省;河南、河北、山东、山西占 38%。西葫芦主要分布在北方地区,占入库资源总数的 85.9%,其中华北地区最多,占 51.6%。中国南瓜资源分布也以华北地区较多,但全国各地均有分布,且分布相对较均匀。笋瓜以华北和西北资源最多,分别占入库资源的 55.4%和 27.3%。节瓜资源的 96.8%分布在南方,其中尤以广东、广西最多，占节瓜资源入库总数的93.8%。苦瓜资源的95.0%集中分布在南方，以广东、广西、福建、湖南、四川、贵州等省（区）苦瓜资源最丰富，占入库总数的81.3%，北方则极少。丝瓜种质资源的分布与苦瓜相似，97.8%的丝瓜资源分布在南方。瓠瓜75.1%的资源分布在南方，其中尤以华南最多，占入库资源的50%。

三、研究、创新与利用

（一）性状鉴定与遗传多样性

通过对入库的1 000多份黄瓜材料的抗病性鉴定，分别筛选出抗霜霉病、疫病、枯萎病、白粉病材料55份、76份、91份、77份。沈镝等（2007）从国家蔬菜种质资源中期库中选取具代表性的444份主要瓜类作物地方品种，采用病土接种法进行苗期根结线虫抗性鉴定，忽略基因型差异，平均病级指数从小到大的顺序为：冬瓜、西瓜、丝瓜、节瓜、苦瓜、越瓜、甜瓜、菜瓜、瓠瓜、黄瓜、中国南瓜、印度南瓜、美洲南瓜；共获得27份抗根结线虫种质（病级指数1～2），包括12份冬瓜、3份苦瓜、7份丝瓜和5份西瓜。

司旻星等（2007）利用18个SSR标记和3个SCAR共显性标记，分析了177份不同生态类型的黄瓜种质资源，其相似系数变化范围0.24～1，并根据聚类分析的结果将这些资源划分为5大类。穆生奇（2008）利用62对多态性SSR引物对59份黄瓜材料进行了遗传多样性分析，聚类分析结果将供试材料分为7大类群，主成分分析与系统聚类分析结果基本一致。两种分析方法的分类结果与形态学分类相吻合。张桂华（2007）对23份不同来源的黄瓜材料进行了AFLP分析，UPGA分类结果将黄瓜材料划分为3大类群，AFLP标记的分类结果与材料的主要性状特点基本一致。李丽等（2006）利用SRAP分子标记技术对35份不同类型的黄瓜品种进行了指纹图谱遗传多态性分析，从38对引物组合中筛选出3个多态性高的引物组合，此3对引物扩增得到的图谱可将35份黄瓜品种完全区分开来；且认为SRAP分子标记技术可以用于黄瓜杂交种的纯度检测。

张广平（2006）对来自不同国家或地区的90份代表性黄瓜种质进行了RAPD分析，并利用其数据对构建黄瓜核心样本的方法进行了探讨。认为25%是构建黄瓜核心种质较为理想的比例，最大遗传距离法是用RAPD数据构建黄瓜核心种质较为合适的方法。

李俊丽等（2005）应用RAPD技术对70份南瓜种质进行遗传多样性分析，系统聚类分析将70份南瓜种质分为第1类中国南瓜3组，第2类美洲南瓜6组，第3类印度南瓜5组，与传统分类学的结果相符。夏军辉等（2008）应用形态标记和RAPD标记对26份丝瓜种质材料进行遗传多样性和亲缘关系分析；基于形态标记的聚类分析将26份丝瓜种质分为普通丝瓜和有棱丝瓜两大类。基于RAPD标记的聚类分析将26份丝瓜种质也分为两大类，但有2份有棱丝瓜种质和普通丝瓜聚为了一类，与形态标记聚类结果不一致。黄如葵等(2008)对33个苦瓜种质资源的28类形态学性状进行聚类分析表明，供试资源可划分为野生型组群(组群Ⅰ)、密瘤小果型组群(组群Ⅱ)及长大果型组群(组群Ⅲ)；其中组群Ⅲ又可以进一步分为3个亚组群。高山等(2007)采用ISSR分子标记技术对源自中国7个省份的38份瓠瓜种质进行遗传多样性分析，聚类分析将其分为4个类群8组，主坐标分析将其分为4个类群10组。

(二)种质创新与利用

黄瓜资源中利用最多的地方品种资源是长春密刺，是我国1980—1990年黄瓜保护地育种中使用最多的亲本。其他利用较多的资源还有上海的杨行黄瓜等，加工黄瓜有扬州乳黄瓜、锦州小黄瓜等。天津黄瓜研究所在20世纪60～70年代利用唐山秋瓜和天津棒槌瓜资源杂交选育而成的抗霜霉病、白粉病品种津研1、2、3、4号，及进一步与抗枯萎病资源杂交育成的抗霜霉病、白粉病、枯萎病品种津研5、6、7号；“八五”期间育成的新品种津春1号，高抗保护地病害黑星病，兼抗枯萎病、霜霉病、白粉病、细菌性角斑病等5种病害。中国农业大学等单位利用北欧温室型黄瓜资源和中国黄瓜资源育成了欧亚杂交型黄瓜杂交种，如中国农业大学选育出耐低温弱光的节能型黄瓜品种“农大12号、14号”。除常规的单交种育种法外，利用黄瓜雌性系资源已开展了三交种育种法的应用，如中农7号、中农13号。此外，还开展了诱变及生物技术的研究，如利用^{60}Co γ射线处理黄瓜干种子，育成93-5黄瓜新品系；辽宁省农业科学院园艺所(1981)利用激光诱变津研1号干种子，育成适于露地栽培的黄瓜新品种露地1号等。我国学者从津研1号高代自交系中发现了突变矮生资源，并育成“矮生1号”新品种。

山西省在本地串铃南瓜资源中，发现了矮生突变体，用此资源材料育成矮生、早熟的“无蔓1-4号”南瓜品种。

陈劲枫等将甜瓜属野生种 *Cucumis hystrix* 和华南型、华北型、西南型、美国型以及欧洲型(强雌性系GY-14)等黄瓜材料进行正反杂交，随后对幼胚进行离体培养和体细胞染色体加倍，共创制出4种基因型的甜瓜属双二倍体种间杂种；并与不同基因型黄瓜进行回交，结合胚胎拯救，共鉴定筛选3种基因型的异源三倍体，单性结实能力较强、果形整齐、具有很好的加工应用前景；继续与栽培黄瓜回交，在后代中鉴定筛选出30余份染色体$2n=14$的异源易位系材料，这些材料中有的具有对根结线虫、蔓枯病、白粉病等多种病虫害的抗(耐)受性，有的为全雌性、加工型材料。

第七节　豆类蔬菜种质资源学

一、起源、传播与分类

豆类蔬菜主要包括菜豆、豇豆、扁豆、蚕豆、刀豆、豌豆、四棱豆、菜用大豆、红花菜豆等。

菜豆属起源于中南美洲，有 56 个种，其中有 4 个栽培种，即普通种菜豆（*Phaseolus vulgaris* L.）、多花菜豆（俗称红花菜豆，*Phaseolus coccineus* L.）、利马豆（*Phaseolus lunatus* L.）和尖叶菜豆（*Phaseolus acutifolius* A. Gray），在中美洲起源中心还有另一栽培种——丛生菜豆（*Phaseolus polyanthus* Green）。16 世纪传入欧洲和中国栽培。菜豆可分为矮生、半蔓生和蔓生 3 种类型。我国是菜豆的次生起源中心，我国的荚用菜豆主要是蔓生类型，矮生荚用菜豆资源和优良品种匮乏。

豇豆起源于非洲，西非是全世界豇豆多样性最突出的地区；在 2 000 多年前由非洲传入亚洲，并在印度、中国南部和东南亚形成次生中心。豇豆根据荚的颜色可分为青荚、白荚和红（紫）荚 3 个类型。

大豆（毛豆）起源于中国，且适应性强，由南方逐渐向北方传播。

豆类蔬菜中，引用星川清亲的结果，对菜豆的起源与传播如图 8-8 所示。

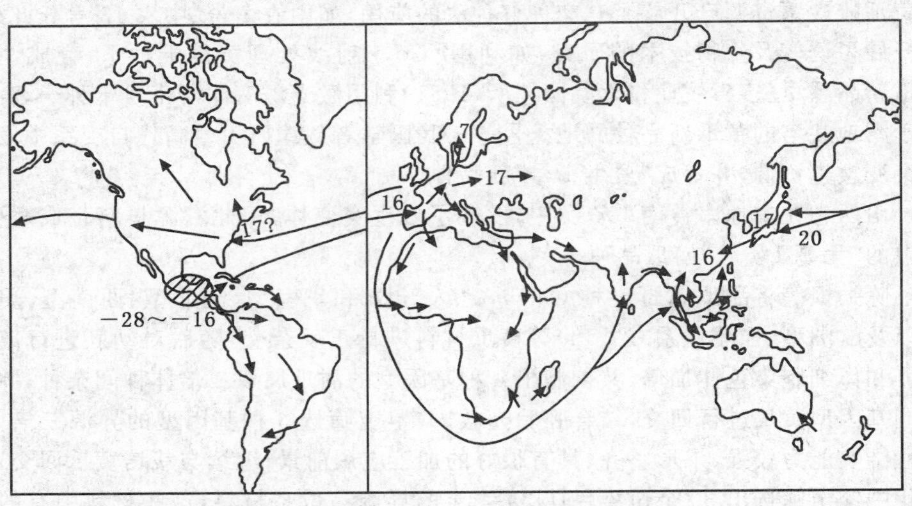

图 8-8　菜豆的起源传播示意图

二、收集与分布

至 2006 年，我国已入库保存菜豆 3 504 份、豇豆 1 708 份、毛豆 462 份、豌豆 385 份、蚕豆 86 份、扁豆 379 份、其他豆类 37 份。设在尼日利亚的国际热带农业研究所(IITA)搜集了 13 270 份豇豆资源，以尼日利亚资源最多，其次是印度。

我国豇豆资源的 70.6%、毛豆资源的 97.5%分布在南方。菜豆的资源主要集中在东北三省(占入库数的 26%以上)，华北的河北、山东、山西(占 28%以上)，西南的四川、云南、贵州(占 27%以上)。而豇豆资源分布，广东、广西、福建、湖南资源较多(占入库总数的 37%)，四川、贵州两省及山东、河北两省分别占 18%左右。作为食用嫩豆的大豆(毛豆)，资源集中在华东地区，且主要集中在江苏、上海、安徽长江三角洲地带。

三、研究、创新与利用

“七五”、“八五”期间。从 1 900 多份豇豆资源中初选出优良的种质资源 230 份，“九五”期间对其进行了多点多年的试验，从中筛选出 204 份较好的资源，其中有矮生资源 37 份，早熟 42 份，大粒 38 份，多荚 54 份，高蛋白与高抗材料 33 份，并优选出综合性状排在前 5 名的优异资源。浙江省农业科学院园艺所汪雁峰等对 1 192 份豇豆种质资源进行了 10 个农艺性状的鉴定，从中发现了矮生直立型材料 7 份；极早熟材料 5 份；荚长超过 70 cm 的极长荚材料 3 份；单荚重超过 25 g 的特重荚 5 份；百粒重超过 19 g 的特大粒材料 4 份。何礼(2002)对我国 76 份长豇豆品种进行 RAPD 分析表明，我国长豇豆资源的遗传多样性很低。徐雁鸿等(2007)从 46 对备选的豇豆 SSR 引物中鉴定筛选出扩增带单一、稳定清晰且多态性强的 13 对引物；用这 13 对引物，对来自中国、非洲和亚洲其他国家的共 316 份栽培豇豆资源的 DNA 进行 SSR 扩增，UPGMA 聚类图显示，13 对 SSR 引物即能将其中的 260 份参试资源区分开，国内、外资源差异明显，并被划为 2 大类群；国内资源类群又可分为与地理来源的气候生态区明显关联的 2 个北方组群、4 个南方组群和 2 个混合组群；国内育种高代材料的遗传多样性狭窄。

通过对 2 033 份菜豆资源的抗病性和品质等性状的鉴定，从中筛选出粗蛋白大于 4.8%的高含量材料 43 份(湖北的资源含量较高，如湖北的鸡窝豆、红花菜豆等)；抗炭疽病、枯萎病和锈病的材料 95 份(如云南的白豆等)、145 份(如黑龙江的一挂鞭等)和 436 份。抗枯萎病的菜豆品种资源主要分布在黑龙江、辽宁、吉林、四川、贵州和湖南 6 省。栾非时等(2002)收集了国内 43 个菜豆栽培品种、国际热带农业中心 13 个半野生品种、波兰 4 个矮生品种，将其分成蔓生种 35 个、矮生种 12

个、半野生种 13 个 3 大类型，利用 RAPD 标记研究种内及各种群间的遗传多样性，发现 60 个菜豆种质资源中蔓生种多态性最高，矮生种群其次，半野生种群最低。我国菜豆资源大多为蔓生类型，矮生荚用菜豆资源和优良品种匮乏。多年来我国通过对引进菜豆资源的研究利用，筛选出多份优良菜豆品种资源，并直接在生产中推广应用，如“碧丰”蔓生菜豆就是 1979 年从荷兰引进，特别适于保护地栽培，现已成为华北地区露地主栽品种和北京、山东等地保护地主栽品种；“优胜者(77-10)”是 1977 年从美国引进；“供给者”矮生菜豆是 1973 年自美国引进，成为全国矮生菜豆的主栽品种之一，占全国矮生菜豆种植面积的 40%以上。

“八五”期间对“六五”、“七五”鉴定出的 108 份优良蚕豆资源，在蚕豆主产区的青海西宁和河北张家口联合筛选进行优异种质资源的综合评价，评价出 31 份大粒、11 份多荚、14 份多荚、11 份长荚、22 份矮生、5 份多分枝、9 份高蛋白的单项优异种质资源。

宗绪晓等(2008)利用 21 对豌豆多态性 SSR 引物，对来自全国春、秋播区 19 省区市的 1 221 份豌豆地方品种进行遗传多样性分析，省籍资源群间遗传多样性差异显著。遗传多样性以内蒙古资源群最高，甘肃、四川、云南和西藏等资源群其次，辽宁资源群最低。PCA 三维空间聚类图揭示，我国豌豆地方品种资源分化成 3 个基因库，基因库Ⅰ主要由春播区的内蒙古、陕西资源构成，基因库Ⅱ主要由秋播区最北端的河南资源构成，基因库Ⅲ主要由除上述省份之外的其他省区市的资源构成。UPGMA 聚类分析表明，中国豌豆地方资源聚类成 2 个组群 8 个亚组群，与 3 个基因库的聚类结果相呼应。

第八节　根菜类蔬菜种质资源学

一、起源、传播与分类

根菜类蔬菜主要包括萝卜、胡萝卜、芜菁、芜菁甘蓝、根芹菜、根甜菜、牛蒡等。

大多数学者认为萝卜的初生起源中心是中国或地中海沿岸。萝卜在中国的起源地可能位于山东、河北、河南、江苏、安徽等省。萝卜变异丰富，品种繁多，分布极广，属多态型种，所以分类和命名复杂和困难。欧、美洲国家以小型萝卜(四季萝卜)为主，亚洲国家以大型萝卜(中国萝卜)为主。中国萝卜根据用途可分为 3 类：一是生食品种(水果型萝卜)——如北京的心里美及天津的卫青萝卜；二是熟食萝卜——如板叶大红袍、灯笼红等资源十分丰富；三是加工用品种——如晏种萝卜、鸭蛋头萝卜等品种。

胡萝卜属伞形花科蔬菜，原产亚洲西部，中国于13世纪经伊朗传入，发展成为中国特有的长根形胡萝卜。各国根据其掌握的资源有不同的分类方法。如欧洲根据胡萝卜基因的来源分为七组：① Amsterdamer；② Berlicumer；③ Chantenay；④Danvers；⑤Decolmar；⑥Nantaise；⑦Paise Market。日本的飞高义雄则把日本的胡萝卜栽培品种分为欧洲系和日本系两组。我国一般仅根据胡萝卜的根形和根色进行分类，根形有短、中、长3类，也有分为圆锥形与柱形2类；根色分为红色、黄色，还有白、橙、紫色等。据统计，世界上有400多个胡萝卜品种、品系和非驯化材料。

根菜类蔬菜中，引用星川清亲的结果，对萝卜的起源与传播如图8-9所示。

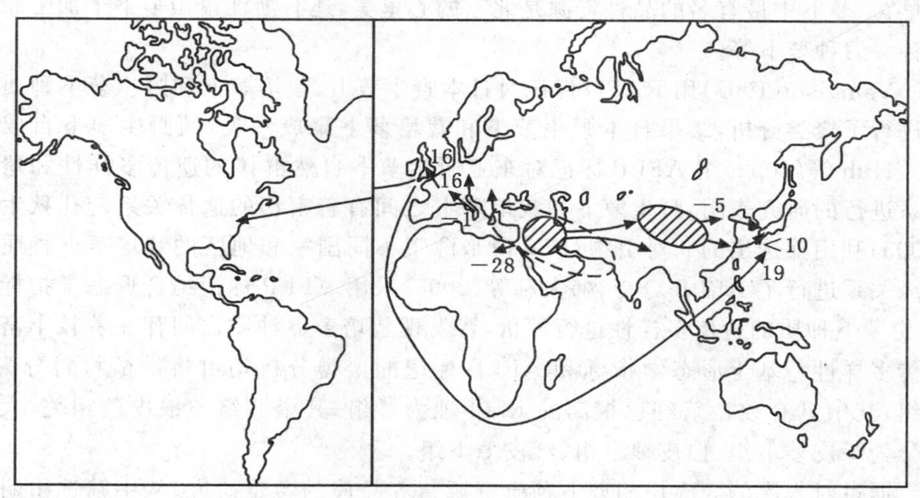

图8-9 萝卜的起源传播示意图

二、收集与分布

至2006年，我国已入库保存萝卜2 074份、胡萝卜427份、牛蒡12份、根用甜菜21份、芜菁94份。我国65.4%的胡萝卜资源分布在北方，其中胡萝卜资源分布以华北地区最多，占入库资源总数的42%以上。萝卜资源也以华北地区最多，占入库种质资源的43%以上；西北、华东、华南、西南地区的资源分别占总入库资源的10%～20%，东北最少，只占4.7%。

三、研究、创新与利用

王洪久等从1 080份萝卜资源中筛选出抗TuMV材料46份。抗病毒病特性与萝卜植株的某些特性有一定的相关性，花叶品种的抗病毒能力高于板叶类型，叶色越绿抗性越强，叶柄绿色的品种比其他颜色的要抗病，无刺毛的品种抗病性差，肉质根长圆锥形抗性较强，而圆球形较弱，抗病性随着肉质根辣味的增加而增强，秋冬萝卜的抗病性最强，而四季萝卜最弱。从地区看，产于河北、青海、山西、北京、辽宁、吉林的萝卜品种抗病毒病较强，而产于华南、西南、华东地区的抗性较弱。对“七五”和“八五”期间初评的120份（春萝卜16份、秋萝卜104份）优良萝卜资源，自1997年春季开始，通过连续3年多点评价，最后筛选出综合性状优异的萝卜资源3份，分别是抗黑腐病、病毒病、霜霉病的“向阳红”和“秦菜2号”，高品质的“玉田早”。萝卜中最有名的品种资源是北京的心里美，还有浙江萧山萝卜干加工原料品种一刀种萝卜等。

Yamgishi(1998)用RAPD标记对日本野生萝卜、栽培萝卜和野生萝卜种质资源进行了聚类分析，结果日本野生萝卜和栽培萝卜聚成一类，而野生萝卜自成一类。Huh等(2002)用AFLP标记对东亚野生萝卜自然群体的遗传多样性和遗传关系进行的研究表明，野生萝卜和栽培萝卜之间有着密切的遗传关系。孔秋生等(2005)利用筛选出的8对引物对56份来源于不同国家和地区的栽培萝卜种质的亲缘关系进行了AFLP分析，韩太利等(2008)采用AFLP标记结合形态学指标对33份萝卜种质的遗传多样性进行评价，皆发现栽培萝卜种质之间存在着较丰富的遗传多样性。基于形态学指标和AFLP标记的聚类分析均可将供试材料分为4大组，其中具有独特紫红色根肉的Rs14独为一组；其余3组与根皮色相关，大致可分为绿皮萝卜组、白皮萝卜组、红皮萝卜组。

通过对入库的305份胡萝卜种质资源营养品质的鉴定研究，从中筛选出耐贮存材料230份，高维生素C、高干物质、高胡萝卜素、总糖高的材料12～29份。中国农业科学院蔬菜花卉研究所胡鸿等对国家种质库的113份胡萝卜种质资源进行了调查鉴定，筛选出5份耐藏性优异的材料。试验结果还表明，北京地区种植的来自北方地区的胡萝卜资源耐藏性表现较好，而来自南方的资源则表现较差。不同皮色的胡萝卜资源耐藏性由强到弱，顺序为橘红 >紫红>橘黄>黄色>红色。

Grzabelus D等(2002)对收集到的26份胡萝卜材料利用RAPD技术进行了遗传多样性分析，结果表明这些材料的遗传距离较近或同属一群。赵彦等(2007)利用RAPD技术对34份胡萝卜种质资源进行遗传多样性研究，对其进行数据化处理后聚类，34份胡萝卜材料可划分为5个类群。材料的归组与根形、根长有一定的相关性。

胞核互作型萝卜和胡萝卜(瓣化型)雄性不育资源已在萝卜和胡萝卜杂种优势中应用。

第九节　葱蒜类蔬菜种质资源学

一、起源、传播与分类

葱蒜类蔬菜是百合科葱属中以嫩叶、假茎、鳞茎或花薹为食用器官的二年生草本植物，包括大蒜、葱、韭菜、洋葱、韭葱、细香葱、胡葱和薤。

大蒜起源于中亚地区，分为两个变种、6 个品种群，即双层蒜衣变种（包括抽薹大蒜品种群、不完全抽薹大蒜品种群和春蒜品种群），单层蒜衣变种（包括长叶大蒜品种群、短叶大蒜品种群和多层蒜瓣品种群）。从生态型上，大蒜又可划分为低温敏感型（不耐寒）、低温反应迟钝型（耐寒）和低温反应中间型 3 种。大蒜品种的系统分类和生态型分类是互相联系的，表现在大蒜变异的层次以及形态变异和生态分化的互相交错进行。考察中发现，神农架地区有特殊的大蒜资源分布。

葱起源于西伯利亚、中国西北和东北及中亚等地。葱包括 3 个变种：大葱、分葱和楼葱。根据葱白长度可将大葱分为长葱白型、短葱白型和鸡腿型。中国的华北地区是大葱的次级起源中心。

韭菜原产于中国。韭菜按食用器官可分为根韭、叶韭、花韭、叶花兼用韭 4 个类型。

洋葱起源于巴基斯坦、伊朗及其以北山区，16 世纪传入美国并演化出多种类型，约在 20 世纪初传入中国。可分为普通洋葱、分蘖洋葱和顶球洋葱。

葱蒜类蔬菜中，引用星川清亲的结果，对大蒜的起源与传播如图 8-10 所示。

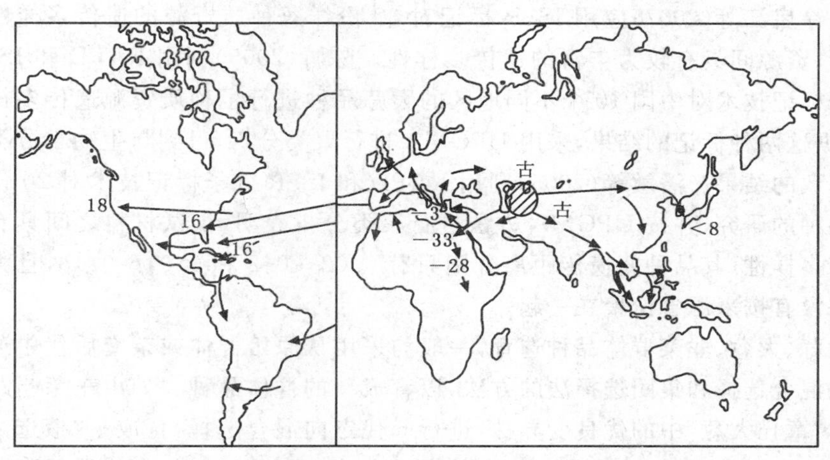

图 8-10　大蒜的起源传播示意图

二、收集与分布

至2006年，我国已入库保存韭菜274份、大葱236份、分葱36份、洋葱99份、韭葱8份、南欧蒜2份。

韭菜种质资源全国各地都有分布，我国78.3%的韭菜资源分布于北方。韭菜的栽培面积，在各类蔬菜中被列为第16位，是中国主要蔬菜种类之一。韭菜有名的地方品种资源有汉中冬韭、山东寿光盖韭、云南曲靖的韭菜花品种等。

大葱是北方的主要蔬菜，我国89.8%的大葱资源分布于北方，山东章丘大葱闻名全国。葱是我国特有的调味品，我国南方是分葱的主产区，资源也相应地分布最多。

大蒜一般进行无性繁殖，品种资源较少。大蒜较著名的资源有山东苍山大蒜，代表品种有蒲棵蒜、糙蒜、高脚子等，还有江苏太仓白蒜和徐州丰县白蒜，黑龙江阿城紫皮蒜等。

薤是我国特产，其中以湖北梁子湖畔的三白薤、云南开远的甜薤、江西南昌的线薤最为有名。我国79.3%的洋葱资源分布于北方(华北和西北地区)。

三、研究、创新与利用

刘红梅(1995)对28份大葱品种(系)抗病毒病进行接种鉴定结果表明，没有发现免疫品种(系)，但不同品种(系)的抗性有明显差异；叶色浓绿、蜡粉厚重的抗性强。徐启江等(2007)应用ISSR标记对32份洋葱种质资源的遗传多样性进行了分析，资源间具有较为丰富的遗传多样性。陈昕(2005)利用RAPD和ISSR两种分子标记技术对中国10个不同地区的大蒜品种进行了种质资源遗传多样性研究，根据这两种标记的结果，采用UPGMA进行聚类分析，得到与生物学分类地位基本一致的结果。潘敏等(2005)利用RAPD和ISSR分子标记技术对20份韭菜栽培品种的研究、并按UPGMA方法进行聚类分析表明，供试材料之间具有较低的遗传多样性，其品种间遗传距离分别只有0.02～0.2和0.04～0.13，且大部分品种并没有按来源省份聚在一起。

大蒜、大葱、韭菜群体品种选育，一般均采用从原始群体或杂交后代中通过优良植株混合选择和集团选择法的方法，以育成新的群体品种。如山东莱州蔬菜研究所对“章丘大葱”中的优良变异株，进行6代定向混合选择，育成了“掖选1号”，其抗紫斑病、锈病和产量均优于原来的章丘大葱。河北隆尧县农业局以隆尧鸡腿大葱与章丘气煞风大葱自然杂交，经8年4代选育，育成了鸡腿型的冀大葱1号。

洋葱群体品种选育一般通过杂交,采用单株选择与混合选择相结合的方法进行。

20 世纪 70 年代起,我国陆续有大葱、韭菜雄性不育系研究与利用的报道,目前已将大葱(胞核互作型)和韭菜雄性不育利用于杂种生产中。20 世纪 70 年代,张启沛等在大葱自然群体中发现了雄性不育株。山东农业大学和山东章丘市农业局分别以章丘大葱中发现的雄性不育株为不育源,育成雄性不育系和同型保持系,不育株率均达 95%以上,并利用雄性不育系配制了一些杂交组合。马上武彦(1985)研究表明,大葱自交衰退严重,一代杂种葱的苗期产量优势明显,但成株葱白产量优势不明显。席湘媛、栾兆水等(1991,1992)对大葱雄性不育花粉细胞形态学研究表明,大葱雄性不育是花粉败育型。王晓静、沈火林等(2007)研究表明大葱雄性不育系的花粉败育发生于单核小孢子时期,具有单核败育的特征。马上武彦(1985)提出大葱雄性不育是由胞质与两对隐性核基因互作控制的遗传模式。张启沛(1995)发现该遗传模式不能完全解释育种中出现的问题,提出了"胞质-多对核基因的数量效应"的假说。但可以肯定的是,大葱的雄性不育是受胞质与核基因互作控制的。盖树鹏等(2002)利用分子标记技术,获得了与大葱的胞质不育基因和核恢复基因的连锁标记,提出了胞质互作雄性不育系选育的分子辅助育种途径。

1978 年,山东农业大学园艺系在汉中冬韭的栽培田中,首次发现了雄性不育株,以此为原始材料,育成了优良的雄性不育系 78-1A 和保持系 78-1B。吴淑芸等报道了韭菜雄性不育系和保持系的选育过程。马树彬等(1981)在韭菜试验田钩头韭的自然群体中发现一株雄性不育株。杨学妍、沈火林等(2007)研究比较了不育系和保持系花药与花粉发育过程,表明韭菜花药绒毡层兼有分泌绒毡层与变形绒毡层的特点,花粉败育与绒毡层发育异常和提前解体有关。

洋葱胞核互作雄性不育研究利用开展的较早。洋葱中现在已经知道的有两类胞质雄性不育种质资源,即 S-细胞质型(Jones and Clarke ,1943)和 T-细胞质型(Berninger 1965;Schweig Andsguth,1973)。S-细胞质雄性不育是目前洋葱杂种生产中应用最广泛的。T-细胞质与洋葱中的普通的雄性可育胞质关系紧密(Havey 1995,2000)。洋葱的雄性不育是胞核互作型(细胞质雄性不育),洋葱的雄性不育性是由一个隐性核基因和一个细胞质基因互作控制的结果。陈沁滨和侯喜林等(2006)利用韩国洋葱品种"丰裕"多代自交后代中发现的雄性不育株,经多代回交选育成不育株率、不育度均为 100%的不育系 101A 和相应保持系 101B;101A 属于 S 型细胞质雄性不育类型,其特异片段位于叶绿体基因组。M. J. Havey(2000)通过 RFLP 技术,比较了来源于美国、日本、荷兰、印度等国家的雄性不育细胞质基因组,证明在美国、日本和新西兰大面积种植的洋葱品种大多含有 S-细胞质,从印度白球(鳞茎)种群中选择的 CMS 叶绿体基因组与 S-细胞质的多态性是相同的，而荷兰和日本的 CMS 为 T-细胞质。同延龄(2005)报道陕西省华县辛辣蔬菜研究所利用雄性不育系成功培育出“黄高早丰 1 号”、“金罐 1 号”、“红太阳”杂交一代洋葱新品种，后续品种“孟夏 1 号”和“金罐 2 号”正在试种过程中。

目前已将 *A. roylei* 中的抗霜霉病性状通过种间杂交成功地转移到栽培洋葱中。洋葱和葱在分类学上非常近似(Hanelt，1990)。洋葱和葱的种间杂种，通过洋葱作为母本(Currah et. al.，1984；Emsweller and Johns，1935；Van Der Meer and Pelley，1978)或是父本(Corgan and Peffley，1986)较易获得 F_1，F_1 代杂种具有中间形态(较小的鳞茎、葱叶形较占优势，开花时间也介于双亲之间(Currsh and Ockendon，1988；Emsweller and Jones，1935；Van Der Meer and Van Benekom，1978)。普通洋葱和葱种间远缘杂交获得的 1～2 个双二倍体的远缘杂交种已可作为分蘖洋葱在生产栽培中应用，并对红根腐病表现出很好的抗性。由远缘杂种与普通洋葱回交，使普通洋葱品种具有红根腐病抗性，说明来自葱的染色体上的抗性基因已转移到了洋葱染色体中(Peffley，1984)。Peffley(2000)还报道了洋葱×葱后又与洋葱反复回交的 F_1BC_3 群体，该群体形似洋葱，育性正常，且拥有葱的优良基因。首次通过洋葱(*A. cepa* L.)和葱(*A. fistulosum* L.)之间的种间杂种回交得到含有葱基因的鳞茎型洋葱的基因渗入体。Khrusta Leva L(2000)也首次报道了以 *A. roylei*(洋葱的野生近缘种)为中间桥梁材料，利用染色体组原位杂交的方法(GISH)将葱的优良基因渐次渗入到洋葱的染色体组中(洋葱×葱×*A. roylei*)。迄今，已获得洋葱×葱、葱×洋葱、洋葱×*A. oschaninii* 的杂种后代。

郑海柔(1990)利用 Y 射线的 6 个剂量照射黄皮洋葱离体佛焰苞(品种为 N. 8205)，在 5GY 照射的花序上产生了一株突变株，通过诱变获得了新的洋葱种质。李成佐和任永波等(2003)采用 CO_2 和 He-Ne 两种激光的不同剂量，分别辐照两个洋葱品种的湿种子，可从处理的后代中选择出高产、优质的优良变异株，进而育成符合育种目标的优良新品种。

在洋葱中至今未见花粉、花药培养获得再生单倍体植株的报道。但已有报道从洋葱的未传粉花蕾、子房和胚珠培养中诱导获得洋葱单倍体植株。第一次报道获得单倍体植株是 Campion 和 Keller(1990)，他们是用未授粉的胚珠诱导得到单倍体植株的，但诱导率极低，仅为 0.28%。1995 年 Bohance 以胚珠和子房，经两步培养(预培养花，后培养胚珠和子房)得到再生植株；此后，Jakse(1996)、Pudephat(1999)也经两步培养，诱导了单倍体，其诱导频率为 1.8%～6.4%。Bohance(1999)的一步培养法，即仅培养花得到单倍体植株，其诱导率高达 22.6%，其中有 90.5%的再生植株为单倍体，有 88.2%的双倍体再生植株为纯合基因型植株，这项研究简化了诱导程序，提高了诱导频率。

陈柔如等(1979)用洋葱叶肉原生质体培养,观察到了细胞团;王光远(1986)通过在 MS+2,4-D 2 mg/L+BA 0.5 mg/L 培养基上培养原生质体,再生了细胞壁,进而形成愈伤组织,并进一步形成了完整的植体。Hansen 等(1995)通过原生质体悬浮培养也获得了再生植株。Peffley 等(2000)报道了洋葱和蒜的体细胞杂交和杂交的体细胞胚的特征,并确认对称的融合能产生较多的愈伤组织和再生植株。经核 DNA 组成分析表明,大多数再生的植株是杂合的。同时,经核内 DNA 流式细胞光度分析显示,这些杂合的植物 DNA 含量较亲本总数少,从而表明了它们是非整倍体。

陈典(1996)、徐培文(1998)研究表明,山东大蒜主要病毒种类是洋葱黄矮病毒、韭葱黄条病毒、青葱潜隐病毒、大蒜花叶病毒、洋葱螨传潜隐病毒、马铃薯 Y 病毒和烟草花叶病毒,田间传毒介体主要是桃蚜和蚕豆蚜。通过茎尖组培可有效去除大蒜病毒,茎尖组培的脱毒苗有显著的增产效益。通过组织培养进行多芽快繁、试管鳞茎分瓣、花序分生组织培养微型鳞茎和利用气生鳞茎快繁等措施可建立大蒜脱毒体系。

概括地讲,我国对葱蒜类蔬菜资源的研究和利用较薄弱,有待进一步加强。特别要加大力度引入国外优良的品种资源,以丰富我国葱蒜类育种材料,并深入研究性状的遗传特性。

第十节　多年生与水生蔬菜种质资源学

一、起源、传播与分类

多年生蔬菜是指一次种植可多年生长和采收的蔬菜,包括了木本蔬菜和多年生草本蔬菜,而广义的多年生草本蔬菜中又可分为旱生和水生蔬菜两大类。木本多年生蔬菜主要有竹笋、香椿、枸杞等蔬菜。草本旱生多年生蔬菜主要有黄花菜、百合、石刁柏、辣根、朝鲜蓟、山药(一般归为薯芋类)、黄秋葵等,水生蔬菜主要有莲藕、茭白、荸荠、慈姑、水芹、菱、豆瓣菜、莼菜、蒲菜等蔬菜。

起源于中国的多年生蔬菜主要有竹笋、山药、草石蚕、荸荠、莲藕、茭白、蒲菜、慈姑、芋、百合、黄花菜;而朝鲜蓟、石刁柏、食用大黄等起源于地中海地区。多年生蔬菜大多进行无性繁殖,保存也大多采用圃地保存。

竹原产中国,全世界约有木本竹类 60 属,1 200 多种;草本竹 25 属,110 多种。竹子主要分布在南北回归线之间、雨量充沛的平原、丘陵地区。北限在北纬 46°,南限在 47°左右。我国竹笋以福建西部武夷山南麓的种类繁多,分布广,有毛竹、台湾桂竹、南平绿竹、淡竹等约40种，浙江山区的毛笋(春笋、冬笋)、小竹笋，广西梧州菜用竹笋品种大头笋、甜笋等也很有名，另外在皖南、赣南、云贵川山区也有许多竹的资源分布。

香椿起源于中国的中部，是我国特有的蔬菜。

枸杞原产中国。我国传统枸杞产区主要分布：一是甘肃的张掖，称甘枸杞；二是宁夏的中卫、中宁地区，称西枸杞；三是天津地区，称津枸杞。我国栽培的枸杞分为2个种，即宁夏枸杞(*Lycium barbarum*)和枸杞(枸杞菜、枸牙菜，*Lycium chinense*)。

芦笋为百合科天门冬属多年生蔬菜，原产地中海东部沿岸和小亚细亚地区。芦笋栽培品种传入我国已有100多年历史。栽培百合全世界有100多种，我国有60多种，我国以食用为目的的百合主要有3种：即宜兴百合(卷丹百合，*Lilium lancifolium* Thunb. ，*L. tigrinum* Ker-Gavler)、兰州百合(川百合，*L. davidii* Duch.)、龙牙百合(麝香百合，*L. brownii* var. *viridulum* Baker)。

山药按起源地不同，可分为亚洲群、非洲群和美洲群，前两群的染色体基数X=10，美洲群X=9。我国是亚洲群山药的主要原产地之一。我国栽培的山药有两个种，即田薯(*Dioscorea alata*)和普通山药(*D. batatas*)。

中国的水生蔬菜有莲藕、茭白、芋、慈姑、水芹、荸荠、菱、豆瓣菜、蕹菜、莼菜、芡实、蒲菜等12类。其中除豆瓣菜外，其余均起源于中国。水生蔬菜主要分布在我国的南方，尤以长江流域和云南等资源最丰富。莲藕是被子植物中起源最早的种属之一，距今已有13 500万年。现代莲属植物生存的仅有两种，一种是开粉红花和白花的中国莲(*Nelumbo nucifera*)，主要分布在亚洲和澳大利亚北部；另一种是开黄花的美国黄莲(*Nelumbo pentapetala*)，主要分布在美洲。中国莲又可分为藕莲(以收获肥大的地下茎为目的)、子莲(以食用莲子为目的)和花莲(供观赏及药用)3大类。茭白属禾本科作物，原产于中国。茭白可分为野茭笋生态型(食用性差)和栽培茭生态型(食用价值高)。栽培茭生态型可分为单季茭类群和双季茭类群，单季茭类群又可分为长薹管品种群和短薹管品种群。芋(*Colocasic esculenta* Schott)是天南星科芋属植物，起源于中国和印度等地，芋属有13个种，中国有8个种，即块茎组的假芋(*C. fallax* Schott)、芋(*C. esculenta* Schott)、野芋(*C. antiquorum* Schott)、紫芋(*C. tonoimo* Nokai)、根茎组的红头芋(*C. kotoensis* Hayata)、大野芋(*C. gigantea* Hook. f.)、台芋(*C. foymosana* Hayata)及红芋(*C. konischii* Hayata)，其中的红头芋、台芋和红芋是我国台湾省所独有。芋有多种不同的分类方法。柯卫东等根据我国芋资源的特点，将芋分为茎用芋、叶柄用芋、花用芋。根据对水渍耐受性的不同，将芋资源又可分成3种生态型：旱芋生态型(不耐长期渍水)、水芋类型(耐长期渍水)和水旱兼用生态型(对水适应性强)。水芹起源于中国、印度、印度尼西亚等地,分为普通水芹和中华水芹两种,在长江流域和云南分布较多。蒲菜起源于中国及世界的许多地区,在我国作蔬菜食用的蒲菜主要有3种:一种是云南元谋席草笋,食用叶鞘内的花茎,叶片加工作工业材料;二是建水草芽,食用根状茎,为宽叶香蒲,主产区在云南的建水、思茅一带;三是江苏淮安蒲菜,食用由叶鞘抱合的假茎。豆瓣菜起源于地中海沿岸和南亚地区,从叶形上分为大叶和小叶豆瓣菜。慈姑起源于中国,在云南等地分布较多,可分为乌慈姑和白慈姑,白慈姑较少。蕹菜是一种水生或半水生的蔬菜,起源于中国和东南亚热带沼泽地带。蕹菜根据花色可分为白花蕹和紫花蕹;根据生态型可分为旱蕹和水蕹;根据结实性分为子蕹和藤蕹;根据叶大小可分为大叶、中叶和小叶蕹。除上述水生蔬菜外,在水生资源极其丰富的云南等地还食用多种野生水生蔬菜,如蒌蒿、水薄荷、水香菜、水蕨菜等。

多年生与水生蔬菜中,引用星川清亲的结果,对竹笋的起源与传播如图8-11所示。

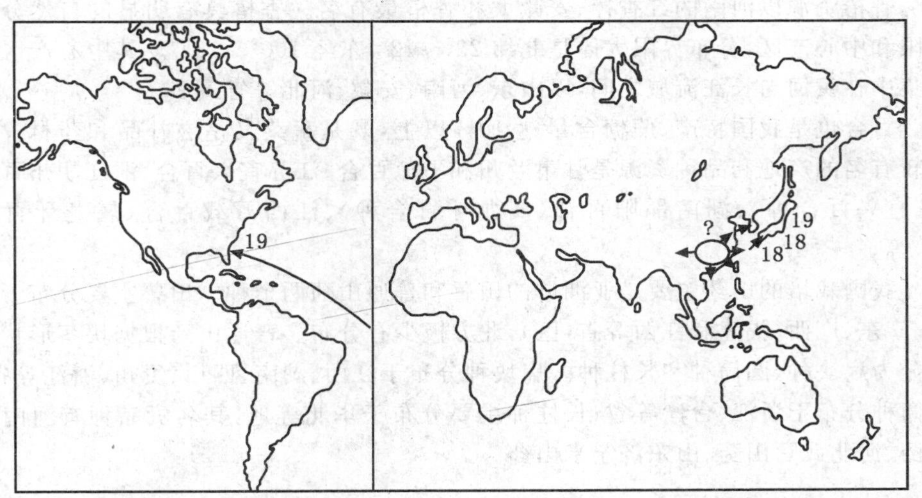

图8-11 竹笋的起源传播示意图

二、收集与分布

至2006年,我国已入库(圃)保存多年生的黄花菜1份、石刁柏7份、枸杞24份,水生蔬菜资源1 538份。水生资源保存于国家种质武汉水生资源圃。

茭白的资源主要分布在黄河以南地区，以长江中下游资源最丰富，尤以江苏的太湖地区资源最丰富。莲藕中较有名的优异地方资源如江苏省宝应县的贡藕（适做藕粉）、浙江省湖州双塘雷藕（孔眼小、品质好，适于菜食或加工）、湖南湘潭的寸三莲（白莲，3 粒莲籽并列横径相加超过一寸而得名）、福建建莲（福建产莲子品种的总称）等。

杨保国等对收集的 280 份芋种质资源材料进行物种的初步鉴定分类，结果表明：芋资源有 243 份，野芋 7 份，紫芋 7 份，大野芋 5 份，未确定 6 份，其他 12 份材料分属海芋属、五彩属和刺芋属。野芋、紫芋、大野芋主要分布在海南、广东、广西、云南、四川和福建。芋资源中有名的地方品种有福建的福鼎芋、槟榔芋、广西的荔浦芋、云南的红芋等。

我国 96.9%的蕹菜资源和绝大多数的水生蔬菜分布在南方。蕹菜种质资源集中在广东、广西、福建和四川，北方基本无蕹菜资源。

黄花菜有名的地方品种资源有大同黄花菜、湖南祁县长咀子花、河南淮阳金针、江苏宿迁的大（小）乌嘴、陕西大荔黄花菜、浙江缙云黄花菜等。

香椿资源以河南的红香棒、安徽太和香椿最有名。香椿具有明显的自然分布界限和中心产区，分布界限大体是北纬 22°～42°，东经 100°～125°。其中心产区主要集中在黄河与长江流域之间，以山东、河南、安徽、河北等省最多。

百合也是我国特产，蔗糖含量达 10%以上，既是蔬菜又是滋补品和药材。我国较有名的产地和品种资源是甘肃兰州和平凉百合、江苏宜兴百合、浙江胡州百合（属宜兴百合种）、湖南邵阳百合（属龙牙百合种）、江西万载百合（属龙牙百合种）等。

我国栽培的山药主要是亚洲群的田薯和普通山药两个种。田薯主要分布于台湾、广东、广西、福建和江西等省（区），北方极少有分布。普通山药根据块茎形状也可分为扁块种、圆筒种和长柱种。扁块种分布于江西、湖南、四川、贵州、浙江等省；圆筒种分布于浙江、台湾等省；长柱种主要分布于华北等地，其名贵品种有河南慢山药、河北武骘山药、山东济宁米山药。

三、研究、创新与利用

（一）性状鉴定

彭静等（2002）对 56 份莲藕、54 份茭白、21 份芋、30 份荸荠、65 份菱、28 份慈姑的干物质、可溶性糖、淀粉、蛋白质、维生素 C、纤维素的含量进行了测定，不同种类和同一种类不同品种间其含量均有所区别。国家种质武汉水生资源圃对 236 份芋资源的研究表明，属于在我国广泛栽培的多子芋有 206 份，通过对多子芋的商品性比较研究，认为叶柄紫色类多子芋的商品性最好，叶柄绿色类多子芋次之，叶柄乌绿类多子芋最差。

国家种质资源圃对入圃的水生蔬菜资源进行部分性状鉴定和评价，从59份莲藕材料筛选出中抗腐败病15份；从128份莲藕材料中筛选出干物质、可溶性糖、淀粉、粗蛋白质、维生素C含量等综合性状优良的材料16份；从60份芋材料中筛选出干物质、可溶性糖、淀粉、粗蛋白质、维生素C含量等综合性状优良的材料13份；从60多份茭白材料中筛选出干物质、可溶性糖、淀粉、粗蛋白质、维生素C含量等综合性状优良的材料11份，中抗或高抗白粉病材料10份，中抗胡麻叶斑病材料3份；从40份慈姑材料中筛选出干物质、可溶性糖、淀粉、粗蛋白质、维生素C含量等综合性状优良的材料7份，抗黑粉病材料5份；从20～40份荸荠、水芹材料中分别筛选出干物质、可溶性糖、淀粉、粗蛋白质、维生素C含量等综合性状优良的材料6份、10份，抗荸荠秆枯病材料8份。

在此基础上，对初评的35份水生蔬菜种质多年多点评价，从中又筛选出综合性状优良的水生蔬菜种质2份。

（二）遗传多样性

李霞等（2005）采用RAPD技术分析了国内外43个芦笋品种的遗传多样性，发现遗传多样性相对偏低；聚类分析在Coefficient＝0.77处可将参试样品划分为8大类群。

瞿桢等（2008）利用SRAP技术对国内广泛栽培以及新近育成的39个莲品种进行了DNA多态性分析，由UPMGA方法得到的聚类分析结果表明，花莲、籽莲和藕莲3大类群有明显的界限，花莲和籽莲的遗传距离较近，藕莲与它们的遗传距离较远；莲品种间和品种内均存在遗传变异，藕莲品种内的遗传变异略低于品种间的遗传变异，而诱变籽莲、诱变花莲和常规籽莲品种内遗传变异均大于品种间的遗传变异，尤其是诱变籽莲、诱变花莲品种内遗传变异占总变异的分量分别超过了70%和60%。

张光富等（2008）利用ISSR标记对分布于江苏和浙江的濒危水生植物莼菜的遗传多样性和遗传结构进行研究，结果表明，莼菜的遗传多样性水平较低（种水平的遗传多样性Ht为0.039 5，Shannon's信息指数Hs为0.063 0；种群水平的遗传多样性Ht、Hs分别为0.039 1、0.033 5）。大部分遗传变异存在于种群内（85.79%），种群间的基因流为3.019 9。营养繁殖、生境丧失与片断化以及人工引种等人为干扰对莼菜的遗传多样性和遗传结构产生重要影响。

沈镝等（2005）采用荧光标记引物的AFLP分子标记技术，用筛选出的“3＋2”引物组合，对48份云南芋种质进行遗传多样性分析，发现云南芋种质资源在

DNA 分子水平上表现出极为丰富的遗传多样性；聚类分析表明，野生种质和栽培种质的亲缘关系较远，栽培种质基于 AFLP 标记的分类结果与形态性状基本一致，少数材料差异较大。

(撰写人　沈火林　王倩)

参考文献

曹家树，曹寿椿，等. 中国白菜各类型分枝分析与演化关系研究. 园艺学报，1997，24(1).

柴敏，于拴仓，姜立纲，等. 番茄野生种 *L. pennellii* 核心种质抗虫性初步评价. 华北农学报，2006，21(5).

陈昕，周涵韬，杨志伟，等. 大蒜种质资源遗传多样性的分子标记研究. 厦门大学学报(自然科学版)，2005，44(增).

陈学军，程志芳，陈劲枫，等. 辣椒种质遗传多样性的 RAPD 和 ISSR 及其表型数据分析. 西北植物学报，2007，27(4).

樊治成，高兆波，等. 我国葱蒜类蔬菜品种资源研究和育种现状. 全国蔬菜遗传育种学术讨论会论文集，2002.

方智远，刘玉梅，等. 我国甘蓝遗传育种研究概况. 全国蔬菜遗传育种学术讨论会论文集，2002.

付杰，张明方，王涛. 芥菜类作物的遗传多样性. 细胞生物学杂志，2004，26.

韩建明，侯喜林，徐海明，等. 不结球白菜种质资源遗传多样性 RAPD 分析. 南京农业大学学报，2008，31 (3).

胡小荣，陶梅，周红立. 番茄种质资源遗传多样性研究进展. 现代农业科技，2008，(5).

黄聪丽，朱凤林，等. 我国花椰菜品种资源的分布与类型. 中国蔬菜，1999(4).

黄新芳，柯卫东，等. 317 份水生蔬菜种质资源品质性状分析. 全国蔬菜遗传育种学术讨论会论文集，2002.

柯卫东，黄新芳，等. 云南省部分地区水生蔬菜种质资源考察. 全国蔬菜遗传育种学术讨论会论文集，2002.

孔庆东，柯卫东，等. 茭白资源分类初探. 作物品种资源，1994(4).

孔秋生，李锡香，向长萍，等. 栽培萝卜种质亲缘关系的 AFLP 分析. 中国农业科学，2005，38(5).

李俊丽，向长萍，张宏荣，等. 南瓜种质资源遗传多样性的 RAPD 分析. 园艺学报，

2005,32(5).
利容千.中国蔬菜植物核型研究.武汉:武汉大学出版社,1989.
李锡香.中国蔬菜种质资源的保护和研究利用现状与展望.全国蔬菜遗传育种学术讨论会论文集,2002.
李锡香,沈镝,等.中国黄瓜遗传资源的来源及其遗传多样性表现.作物品种资源,1999(3).
李霞,刁家连,李书华,等.芦笋种质资源遗传多样性的RAPD分析.植物遗传资源学报,2005,6(3).
林珲,黄科,李永平,等.花椰菜种质资源遗传多样性分析.福建农业学报,2008,23(2).
穆生奇,顾兴芳,张圣平,等.栽培黄瓜种质遗传多样性的SSR鉴定.园艺学报,2008, 35 (9).
农业部科技司.中国农业科技研究进展,第一分册.北京:北京农业大学出版社,1992.
潘敏,杨建平,曹德航,等.韭菜栽培品种遗传多样性的ISSR和RAPO研究.中国农业科学,2005,42(增).
戚春章,胡是麟,等.中国蔬菜种质资源的种类及分布.作物品种资源,1997(1).
瞿桢,魏英辉,李大威,等.莲品种资源的SRAP遗传多样性分析.氨基酸和生物资源,2008, 30(3).
沈镝,李锡香,冯兰香,等.葫芦科蔬菜种质资源对南方根结线虫的抗性评价.植物遗传资源学报,2007, 8(3).
沈镝,朱德蔚,李锡香,等.云南芋种质资源遗传多样性的AFLP分析.园艺学报,2005,32(3).
司旻星,关媛,潘俊松,等.黄瓜(*Cucumis sativus* L.)种质资源遗传多样性及亲缘关系分析.上海交通大学学报(农业科学版),2007,25(2).
宋顺华,郑晓鹰,徐家炳,等.大白菜种质资源的遗传多样性分析.华北农学报,2006,21(3).
田源,王超.甘蓝类蔬菜亲缘关系的RAPD初步分析.中国蔬菜,2008(1).
王强,陈沁滨,王玮,尹德兴.我国不结球白菜育种现状及展望.中国种业,2008(7).
王述彬,袁希汉,等.中国辣椒优异种质资源评价.江苏农业科学,2001,17(4).
王素,徐兆生,等.国外蔬菜遗传资源的引进、研究与利用进展.园艺学报,1998,25(3).
王素,等.我国优异蔬菜种质资源的开发利用.中国蔬菜,1992(2).

王秋锦,高杰,孙清鹏,等.茄子品种遗传多样性的RAPD检测与聚类分析.植物生理学通讯,2007,43(6).

徐雁鸿,关建平,宗绪晓.豇豆种质资源SSR标记遗传多样性分析.作物学报,2007,33(7).

杨保国,孔庆工.芋种质资源的分类初探.园艺学进展,1994.

杨以耕,刘念慈,等.芥菜分类研究.园艺学报,1989,16(2).

杨学妍,沈火林,程杰山,等.韭菜雄性不育系及保持系花药和花粉发育的细胞学比较.西北农业学报,2007,16(2).

虞慧芳,钟新民,陶跃之,等.结球白菜种质遗传多样性和亲缘关系的AFLP分析.浙江农业学报,2008,20(5).

张广平,李锡香,向长萍,等.黄瓜种质核心样本构建方法初探.园艺学报,2006,33 (2).

赵广荣.我国蔬菜遗传资源的多样性及其保护.甘肃农业科技,1998(3).

赵彦,陈源闽,廉勇,等.胡萝卜种质资源遗传多样性的RAPD分析.华北农学报,2007,22(4).

中国农业百科全书蔬菜卷编委会.中国农业百科全书蔬菜卷.北京:中国农业出版社,1990.

中国农业科学院蔬菜花卉研究所.中国蔬菜品种资源目录.北京:万国学术出版社,1992.

中国农业科学院蔬菜花卉研究所.中国蔬菜栽培学.北京:中国农业出版社,1992.

中国农学会遗传资源学会.中国作物遗传资源.北京:中国农业出版社,1994.

朱德蔚.中国作物及其野生近缘植物(蔬菜作物卷).北京:中国农业出版社,2008.

宗绪晓,关建平,王述民,等.中国豌豆地方品种SSR标记遗传多样性分析.作物学报,2008,34(8).

[日]星川清亲著,段传德、丁法元译,栽培植物的起源与传播.河南科学技术出版社,1981.

Lefebrve V, Palloix A, Rives M, et al. Nuclear RFLP between pepper cultivars (*Capsicum annuum* L.). Euphytica, 1992, 71(3).

第九章　观赏植物种质资源学

第一节　花木类植物种质资源学

花木类树种是木本的观花植物。花木按生态习性可分为常绿和落叶两大类。常绿或落叶类群都具有乔木、灌木和藤本的生长习性。

花木类植物具有寿命较长，不断生长，喜光、各具不同的开花习性，生长季节性强，花期可人工调控等特性。在园林中可孤植、对植、列植、片植、丛植、群植或林植，也可修剪整形成各种造型，攀附棚架或依山傍水，也可独立成为专类园，如梅园、牡丹园、月季园等。花木类植物花色丰富，花期较长，富有立体美，在园林绿化、美化和保护生态环境中扮演了不可缺少的重要角色。

一、梅花

梅花(*Prunus mume*)，蔷薇科，李属。梅花是我国的传统名花。

(一)起源与分布

梅花原产于我国，有 2 500 年的栽培历史。野梅的分布以西南山区为中心，尤以云南、四川最多。日本、朝鲜的野梅不是真正的野生梅类，而为中国栽培梅的野化变异类型。露地栽培梅花以长江流域的一些城市和郊区为分布中心，目前的栽培分布已经北移到辽宁、内蒙古、山西、陕西、甘肃一线。

(二)品种及其分类

中国梅花品种已经正式发表的有 323 个，近年新选育的品种有 20 个左右，共计 350 个左右。梅花品种演化以单瓣花最原始，复瓣较进化，重瓣品种最为进化，而重瓣中尤以花中有花的台阁梅演化程度最高；在花色中，纯白或粉红色较为原始，深红、紫红色较为进化，而黄色及金黄色品种最为进化；在花萼中，紫萼最为原始，纯绿色较为进化；枝条直立或斜出的直枝梅类最为原始，枝条自然下垂的垂枝梅类较进化，而枝条天然扭曲的龙游梅最为进化。根据陈俊愉教授等的研究，按进化和主要形状，可将梅品种分为 3 系 5 类 16 型。

二、牡丹

牡丹(*Paeonia suffruticosa*),属毛茛科芍药属落叶灌木栽培种,是原产中国的传统名花和世界著名花卉。

(一)起源与分布

牡丹原产我国西北部,在陕、甘、川、鲁、豫、皖、浙、藏和滇等省有野生牡丹分布。到了宋朝时,牡丹栽培极盛,栽培中心也由唐朝的长安移至洛阳。到明朝时,中国牡丹栽培依然昌盛,安徽亳州成为栽培中心。曹州的牡丹日渐发展,到清朝乾隆年间,成为新的栽培中心。目前的牡丹栽培以河南洛阳和山东菏泽最著名,是中国现代牡丹品种资源的生产基地和良种繁育中心。

(二)变种及品种分类

全世界芍药属约30余种,其中小灌木5～6种,均产自我国。牡丹主要变种有矮牡丹、紫玫牡丹、冬牡丹、粉毯牡丹、霞光牡丹、奇翠牡丹。中国牡丹品种分属于普通牡丹种系、紫斑牡丹种系、江南牡丹种系、黄牡丹种系及紫牡丹种系等几个种源组成系统。我国历代培育的品种已有800余种,常见栽培的品种有姚黄、魏紫、黑魁、二乔、白玉、洛阳红、白雪塔、黑洒金等。按花色不同,牡丹可分为白、黄、粉、红和绿色6大色系。目前,牡丹按花型分类尚未形成统一标准,但基本共识是按类、型、品种的3级分类法,将牡丹分为4类10型。

三、月季

月季(*Rosa cultivars*),属于蔷薇科蔷薇亚科蔷薇属,常绿或落叶灌木植物种群。月季素有“花中皇后”之美誉,是我国十大名花之一,还被比利时、法国、意大利等国家选为国花。

(一)起源与分布

月季的祖先蔷薇属植物原产于北半球,分布在北纬20°～70°之间,几乎遍及亚、欧两洲;其中以西南亚和中亚最为集中。非洲仅在北部如埃塞俄比亚、摩洛哥等国有野生蔷薇。北美则多分布于加拿大和美国。国产蔷薇属植物在我国各地均有分布,由东北至西南逐渐增多,云南、四川为我国的分布中心。在我国北部和喜马拉雅山的东部,海拔1 517～2 958 m之间发现了多种野生的蔷薇属植物。

(二)演化及品种分类

月季系统演化可概括为两个阶段:一是由野生蔷薇演化到栽培的古代月季,二是由古代月季演化成现代月季。在中国月季的发展演化史上,最重要的蔷薇原种是单瓣月季花和巨花蔷薇。单瓣月季花为月季花的原生种,即一季开花、红色的单瓣月季花演化产生半重瓣至重瓣、红色、粉色、四季开花的月季花。月季花演化成很多变种或品种，通称月季花类。巨花蔷薇和月季花杂交演化产生四季开花的香水月季。香水月季有很多变种与品种，通称香水月季类。月季花类和香水月季通称中国杂种月季。中国月季、蔷薇约 1 800 年前后传入英、法后，欧洲人用中国月季、蔷薇与欧洲原与蔷薇杂交并多次回交，创造出许多优秀的现代月季品种。现代月季分 6 大系统：杂种香水月季、丰花月季、壮花月季、杂种长春月季、微型月季和藤月季。

第二节　一二年生花卉植物种质资源学

一二年生花卉是指花茎木质部不发达、木质部细胞较少、能在一个或两个生长季节内能完成从播种、萌芽、开花结实、衰老直至死亡的完整生活周期的花卉。其中，春季播种，当年开花结果，入冬前完成生命周期的观赏植物，称为一年生花卉。一年生花卉多数种类原产于热带或亚热带，故不耐低温。秋季播种，以幼苗越冬，第二年春夏季开花结果，其生命周期需在两年内完成的花卉，称为二年生花卉。二年生花卉多数种类原产于温带或寒冷地区，耐寒性较强，播种当年只生长营养体，能在露地越冬或稍加覆盖防寒过冬。一二年生花卉园林应用广泛，适用于花坛、花境布置，或作盆花、切花观赏具有色彩鲜明和色彩和季相变化明显的特点，是园林中最重要的植物材料。

一、一串红

一串红(*Salvia splendens*)，唇形科鼠尾草属。鼠尾草属有 1 000 余种，生于热带或温带。我国有 78 种，24 变种，8 变型，全国各地均有分布，以西南尤多。其中用于观赏的约有 17 种，常见的有一串红、朱唇、黄花鼠尾草等。

(一)起源与分布

一串红原产于南美巴西，1882 年引入欧洲，首先在法国、意大利、德国等国栽培。我国一串红栽培历史不长，1990 年以前品种应用上以红色为主；1990 年后，引入矮生品种和白、紫、粉色等品种。

(二)演化及品种分类

按植株高度，一串红可分为矮生型、中生型、高生型。除按高度进行划分外，按开花时间分早、中、晚花品种，按花色可划分为红、粉、蓝、白、紫等。

二、报春花

报春花，报春花科报春花属（*Primula* L.），是我国传统名花，具有极高的观赏价值，与龙胆和杜鹃被称为“世界三大高山花卉”。

(一)起源与分布

报春花科共22属，近1 000种；我国有13属，近500种。报春花属在世界上约有500种，主产于北半球温带，南至埃塞俄比亚、印度尼西亚和巴布亚新几内亚的热带山脉的高山地区。四川西部、西藏东南部和支南西北部是报春花属的现代分布中心，我国有293种21亚种和18个变种。

(二)演化及品种分类

19世纪初，英国传教士把我国的藏报春引入英国。后来，欧洲的许多植物采集家相继进入中国进行标本和植物采集。

三、翠菊

翠菊（*Callistephus chinensis*），菊科翠菊属，为单种属花卉，仅1属1种。

(一)起源与分布

翠菊原产于我国，主要分布于吉林、辽宁、河北、山西、山东、云南及四川等省。1728年传入法国，以后世界各国相继引入。我国从1949年开始从欧洲引入改良的翠菊品种。

(二)演化及品种分类

从翠菊野生原种为单瓣出发，分两个系统，即筒状花系统与舌状花系统。翠菊的园艺品种分类一般按花径大小分小花型、中花型、大花型、特大花型；按植株高度又分为高生种、中生种、矮生种；按开花迟早分晚花种、中花种、早花种；按舌状花的层数分有单瓣、重瓣、半重瓣；按花型分有鸵羽型、菊花型、放射型、托桂型等、按用途分为盆栽及花坛类和切花类。

第三节　宿根类植物种质资源学

宿根类观赏植物，是指多年生、地下器官未发生变态的具有一定观赏性状的非木本植物，包括多年生常绿草本和落叶性草本。一次栽植，可供多年观赏，非常适合于园林应用，是城市绿化、美化极为适宜的植物材料。部分品种也可以作为切花、盆花及干花进行栽培应用。

一、君子兰

君子兰(*Clivia miniata*),石蒜科君子兰属多年生常绿草本植物。

(一)起源与分布

君子兰原产南非,于 19 世纪 20 年代传至欧洲,在英国、德国、丹麦、比利时等国栽培。1840 年垂笑君子兰传入中国青岛、1932 年君子兰传入中国长春。

(二)变种及品种分类

君子兰变种有黄花君子兰和斑叶君子兰。君子兰同属植物共 3 种,有垂笑君子兰(*C. nobilis*),狭叶君子兰(*C. gardenii*)。君子兰变种主要有黄色君子兰。

二、花烛

花烛(*Anthurium andraeanum*),天南星科花烛属多年生附生常绿草本。

(一)起源与分布

花烛原产中美,在欧洲及东南亚普遍栽培,中国南方亦有栽培。

(二)变种及品种分类

花烛变种很多,佛焰苞有紫色带白斑、白色、红色、黄色、绿带红斑、红带白斑等变种。目前观赏栽培的有白苞花烛(具白色佛焰苞)、大苞花烛(佛苞较大,橙红至红色)、红苞花烛(红烛)、密叶花烛等。同属相近种有猪尾花烛(*A. sherzerianum*)、水晶花烛(*A. crystallinum*)、胡克氏花烛(*A. hookeri*)等。

三、玉簪

玉簪(*Hosta plantaginea*),百合科玉簪属多年生草本,是我国著名的传统香花。

(一)起源与分布

玉簪原产东亚,日本野生种最多,其次是中国。

(二)变种及品种分类

玉簪属是拥有几千个品种的大家族,来源多种多样,因此分类困难。同属相近种有紫萼(*H. ventricosa*)、波叶玉簪(*H. undulata*)等。

第四节　球根类植物种质资源学

我国球根花卉野生资源主要分布于黑龙江、吉林、辽宁、山西、甘肃、四川、云南、广西、广东等省区,特别是在东北西北部、西藏东南部、四川西南部、云南西北部、新疆北部分布着许多抗性强、观赏价值高的种属。

一、百合

百合是百合科(Liliaceae)百合属(*Lilium*)的植物。

(一)起源

中国是百合属植物的自然分布中心。

(二)变种(品种)分类及其分布

全世界百合属植物有 115 种,我国有 55 种。按照叶形和花型特征,观赏的百合可以划分为百合、钟花、卷瓣和轮叶 4 个组。

常见百合栽培种有亚洲百合杂交种系、东方百合杂交种系和铁炮杂交种系。它们是由上述野生种杂交得到。

二、中国水仙

中国水仙(*Narcissus tazetta* L. var. *chinensis* Roem)是石蒜科(Amaryllidaceae)水仙属多年生草本花卉。

(一)起源与分布

水仙是在宋代经由地中海地区传入我国,至今有 1 300 年的栽培历史,逐渐形成了中国水仙栽培种。按照产地的不同,又可分为福建漳州水仙、上海崇明水仙和浙江舟山水仙 3 个品种系统。

(二)变种及品种分类

水仙属有 25～30 个原种,分布于中欧、地中海地区,西亚和北非。目前世界上水仙栽培种约有 30 个种,中国水仙是多花水仙的一个变种。按照植物学特性,中国水仙有两个常见品种:一个是单瓣水仙,一个是重瓣水仙。

三、唐菖蒲

唐菖蒲,唐菖蒲属(*Gladiolus* L.)。

(一)起源与分布

全世界唐菖蒲属野生种约有 250 种,南非占原种总数的 90%,另外 10%产于地中海沿岸和西亚。

(二)品种分类

西亚、地中海地区原产的常见原种有:土耳其唐菖蒲、普通唐菖蒲和意大利唐菖蒲。非洲原产的常见原种有:圆叶唐菖蒲、光滑唐菖蒲、多花唐菖蒲、绯红唐菖蒲、对花唐菖蒲、鹦鹉唐菖蒲、邵氏唐菖蒲和报春唐菖蒲。现在栽培种有近万个,由欧亚原种杂交得到春花类唐菖蒲，由南非原种杂交得到夏花类唐菖蒲。按裂片形态不同，则可分为平瓣型、皱瓣型和波瓣型 3 种。

第五节　兰科花卉植物种质资源学

兰花是兰科植物的总称，为多年生附生、地生或腐生草本植物。兰科是单子叶植物中最大的一个科，全世界约有 1 000 属，近 20 000 个种，在全球广为分布与种植，主要产于热带地区，我国有 166 属 1 019 种。其中兰属(*Cymbidium*)花卉是兰科植物中最具观赏价值的属之一，全世界约有 48 种，其分布中心为喜马拉雅山地区，中国是兰属植物的分布中心之一，约有 31 种，主要分布在西南及东南，是世界上兰属花卉最丰富的国家。中国传统上的兰花主要是指兰属植物中的地生种类，也被称之为中国兰或国兰。兰属植物中的另一类为大花的附生种类，目前已有数以千计的杂交品种进入市场，统称为大花蕙兰。

兰花栽培始于我国并有 2 000 多年的历史。在明清时期，中国兰的栽培达到了一个高峰。中国兰花很早就传入了日本。Dr. J. Fohergii 于 1778 年将素心建兰和鹤顶兰带到英国，1780 年又从中国引进建兰进行栽培。瑞典植物学家斯瓦尔兹(O. Swartz)在 1799 年建立了兰属。

一、春兰

春兰(*Cymbidium goeringii*)，是我国兰属植物中分布最广、最常见、栽培历史悠久的一种兰花。春兰作盆栽，点缀室内，高雅、清馨。如摆放高档茶室和宾馆接待室，可提高品位和档次。

(一)起源与分布

春兰原产我国，春兰集中分布在以浙江为中心的东南地区和以云南为中心的西南地区，生长在北纬 25°～34°的山区。

(二)变种及品种分类

春兰品种现存约 150 个。春兰按瓣型分 4 个类型。

(1)梅瓣型：主要品种如宋梅、西神梅、万字、逸品等。

(2)水仙瓣型：如龙字、翠一品、汪字等。

(3)荷瓣型：如郑同荷、张荷素、翠盖和绿云等。

(4)蝴蝶瓣型：如冠蝶、素蝶、迎春蝶、彩蝴蝶等。

在春兰原产地区仍有不少野生优良品种，如云南产的双飞燕，一葶二花；四川产的春剑，一葶 2～5 花等。

二、大花蕙兰

大花蕙兰(*Cymbidium*),能强烈的渲染喜庆的气氛,是春节送礼的佳品;自1997年引入我国,以盆花形式被国人所接受,主要用于商务、会展、居家。在欧洲市场,大花蕙兰切花是很受欢迎的花材。

(一)起源与分布

大花蕙兰是兰属植物中一部分大花附生种及其衍生的栽培品种,现在观赏的大花蕙兰都是由原生种经过杂交或染色加倍形成的。我国西南地区的云南、贵州、四川,西藏和广西等地是大花蕙兰的许多重要原生种的主要分布区。

(二)变种及品种分类

常见栽培和用作杂交亲本的大花蕙兰类原生种约有20种。我国栽培比较普及的种类10余种。根据花径和植株的形态将大花蕙兰分为标准型和迷你型;根据开花的时间可分为早花型、中花型和晚花型。

(1)早花型品种:主要由红柱兰杂交而来,或具有建兰血统。如福星、黄金小神童等。

(2)中花型品种:一般在春节前后开花,如钢琴家、月光等,花有香味,具有建兰血统。

(3)晚花型品种:如红唇、深红宝石等,为二倍体的大花品种。

三、蝴蝶兰

蝴蝶兰属是单茎性附生兰,全属50多种。

(一)起源与分布

蝴蝶兰大多数产于潮湿的亚洲地区,自然分布于阿隆姆、缅甸、印度洋各岛、南洋群岛、菲律宾以至我国台湾。台东的武森永一带森林及绿岛所产的蝴蝶兰最著名。

(二)变种及品种分类

蝴蝶兰在园艺上一般根据颜色分为5大系列,分别是:

(1)白花系:如春神、马来西亚、中华淑女、白雪王子等。

(2)红花系:如光神、新鹰、槟榔公主、台北红、精灵之家等。

(3)黄花系:如金海岸、金皮克、奶油波、台北金、黄帝等。

(4)斑点花系:如龙睛、娜达莎、黄后、佛利逊、兰世界等。

(5)条纹花系:如火舞、富女、奥林匹克、拉马捷、条纹兄弟等。

第六节 水生花卉植物种质资源学

水生花卉是指生长在水中或至少是水分充足而周期性缺氧的基质上的花卉植物的类型。它们由沉水植物到浮水植物，到挺水植物，到湿生植物，最后到陆生植物的进化方向变化，其演变过程与湖泊水体的沼泽化进程相似。

按照水生植物的生活方式与形态特征，把水生植物分成4大类：

(1)挺水型(包括湿生与沼生)：如荷花、黄花鸢尾、欧慈姑、千屈菜、菖蒲、香蒲、梭鱼草、再力花(水竹芋)等；

(2)浮叶型：如玉莲、睡莲、芡实等；

(3)漂浮型：如凤眼莲、大漂、水鳖、荇菜等；

(4)沉水型：如金鱼藻、茨藻、苦草等。

作为“园林之母”，许多重要的观赏花卉原产我国，栽培中心也在我国，我国水生观赏植物约占世界水生观赏植物的1/10，据统计有60多科、100多属、300多种的水生植物资源广泛分布在不同纬度不同区域中，为世界水生花卉提供了许多宝贵的植物物种资源。

一、荷花

荷花(*Nelumbo mucifeva* Gaevtn)，系睡莲科睡莲属(*Nymphaeu*)多年水生宿根草本蜜粉源植物。荷花是我国十大名花之一，是衬托水景园林的重要水生花卉材料。

(一)起源与分布

荷花起源于我国，是起源最早的被子植物之一，距今约13 500万年。荷花在中国分布极广，南起海南岛(北纬19°左右)北至黑龙江省的富锦(北纬47.3°)，东临台湾省，西达新疆天山北麓，垂直分布亦达2 000 m，而且栽培历史也很悠久。除中国外，荷花在日本、前苏联、印度、斯里兰卡、印度尼西亚、澳大利亚等国均有分布。

(二)变种及品种分类

荷花经过野莲、藕莲、子莲、花莲(含碗莲)4个阶段的栽培选育，至今已有3 000年的历史，品种达400余种，供观赏用的荷花400余种，荷花栽培品种依用途不同可分为藕莲、子莲和花莲3大系统。根据《中国荷花品种图志》的分类标准共分为3系、50群、23类及28组，即

(1)中国莲系：Ⅰ.大中花群包括4类10组。Ⅱ.小花群包括3类9组。

(2)美国莲系：包括1类1组，隶属于大中花群。

(3)中美杂种莲系：隶属于大中花群，包括2类6组，及属于小花群的2类2组。

二、睡莲

睡莲(*Nymphaea tetragona* Georgi)是睡莲科睡莲属多年生宿根水生花卉，在城市水体净化、绿化、美化建设中备受重视，现欧美园林中选用睡莲作水景主题材料极为普遍。

主要品种(变种)及其起源

睡莲属有40多种，我国原产的有7个种以上。睡莲有热带睡莲和寒带睡莲两类，我国多数地方栽种的为耐寒类。

南京艺莲苑在1984年起开始从国外引种睡莲，已保存国外耐寒睡莲158种、热带睡莲30种。热带睡莲在我国温带以北地区不能正常越冬，主要有：①红花睡莲(*N. rubra*)，原产印度；②埃及白睡莲(*N. lotus*)，原产埃及尼罗河流域；③南非睡莲(*N. capensis*)，原产南非、东非、马达加斯加岛；④黄睡莲(*N. mexicana*)，原产墨西哥；⑤蓝睡莲(*N. caerulea*)，原产非洲；⑥厚叶睡莲(*N. crassifolia*)，原产云南；⑦此碧莲(*N. nelumbo*)，原产云南。寒带睡莲耐寒性强，均为白天开花类，主要有：①雪白睡莲(*N. candida*)，原产新疆、中亚、西伯利亚等地；②白睡莲(*N. alba*)，原产欧洲及北非，变种多；③香睡莲(*N. odorata*)，原产北美，有许多红花及大花变种；④块茎睡莲(*N. tuberosa*)，原产北美。

第七节　仙人掌类及多浆植物种质资源学

多浆植物也称肉质植物或多肉植物，指在营养器官中至少有一器官具有发达的薄壁组织以储藏水分，因而其外形显得肥厚、膨大和多汁的一类植物。多浆植物包括仙人掌科、番杏科的全部种类和景天科、大戟科、龙舌兰科、萝摩科、百合科等50余科，达1万余种。其中仙人掌类植物的种类较多，有140余属，2 000种以上，且具有其他多浆植物没有的器官——刺座。

多浆植物遍布于除南北极大陆以外的世界各地，多数原产于热带、亚热带大陆及附近一些岛屿，部分生长在森林中。依产地与生态环境可把多浆植物分为3类：①原产热带、亚热带干旱地区或沙漠地带；②原产热带、亚热带的高山干旱地区；③原产热带雨林中。

目前国内栽培的仙人掌类植物有500～600种，其他多浆植物约有200种。

一、芦荟

芦荟(*Aloe* var. *Chinensis*(Haw.)Berg),作为观赏植物来栽培,还有美容、保健、药用和天然食用功能。

(一)起源与分布

芦荟原产于非洲热带干旱地区,现分布几乎遍及世界各地。在印度和马来西亚一带、非洲大陆和热带地区都有野生芦荟分布。中国芦荟原产于我国云南,主要生长在云南红河河谷流域,且集中分布在红河河谷流域内的元江境内。

(二)变种及品种分类

芦荟属有 300 种以上,还有几百个变种和种间杂种,其中大部分分布在非洲大陆,占世界种数的 90%。常见种有:①库拉索芦荟(*A. loevera* L.);②树芦荟(*A. arborescens* Mill);③好望角芦荟(*A. ferox* Mill);④皂质芦荟(*A. saponaria* Haw)。

二、仙人掌

仙人掌(*Opuntia dillenii* (Kerl-Gawl.)Haw),为仙人掌科仙人掌属植物。

(一)起源与分布

仙人掌原产于南北美洲,主要起源中心在亚马逊河流域,最北分布在北纬 57°皮斯河一带,最南分布在南纬 49°附近,主要分布地带为山地 高原、海岛及沙漠等地区。我国的云南、四川 广东 广西、海南等地区也有野生品种。据估计,目前世界上仙人掌的种类 2 000 种左右,墨西哥是主要的原产地。

(二)变种及品种分类

仙人掌属有 300 多种,多产于南美洲。常见的栽培种有:锁链掌(*O. cylindrica* (Lam)DC.),原产于秘鲁、厄瓜多尔;棉花掌(*O. leucotricha* DC.),原产于墨西哥。

三、金琥

金琥(*Echinocactus grusonii*),是仙人掌科金琥属植物。其中小型品种适于家庭绿化,而大型个体可群植布置成专类园,极易形成干旱及半干旱沙漠风光。

起源、变种及品种分类

金琥原产墨西哥中部干燥、炎热的热带沙漠地区。现我国南方、北方均有引种栽培。同属植物约 16 种。常见栽培变种和属内品种有:①白刺金琥(var. *albispinus*);②狂刺金琥(var. *intertextus*),是金琥的曲刺变种;③裸虎(var.

inermis)；④大龙冠(*E. polycephalus*)；⑤龙冠女(*E. xeranthemoides*)。

（撰写人 张常青 高俊平）

参考文献

陈俊愉. 梅花漫谈. 上海:上海科学技术出版社,1990.

陈苏. 仙人掌与多肉植物. 香港:万里书店,1979.

陈心启,吉战和. 中国兰花全书. 北京:中国林业出版社,1998.

李尚志,李国泰,王曼. 荷花·睡莲·王莲栽培与应用. 北京:中国林业出版社,2001.

龙雅宜,张金政. 百合属植物资源的保护与利用. 植物资源与环境,1998,7(1):40-44.

王路昌,吴海波. 牡丹栽培与鉴赏. 上海:上海科学技术出版社,2003.

王其超,张行言. 中国荷花品种图志·续志. 北京:中国建筑工业出版社,1989.

王育英,等. 花卉:草本花卉. 西安:陕西科学技术出版社,1981.

徐民生. 仙人掌类花卉栽培. 北京:中国林业出版社,1984.

薛麒麟,郭继红. 月季栽培与鉴赏. 上海:上海科学技术出版社,2003.

义鸣放. 球根花卉. 北京:中国农业大学出版社,2000.

义鸣放,王玉国,缪珊. 唐菖蒲. 北京:中国农业出版社,2000.

喻衡. 中国牡丹品种整理选育和命名问题. 园艺学报,1982,9(8):65-68.

余树勋,吴应祥. 花卉词典. 北京:农业出版社,1993.

赵家荣. 水生花卉. 北京:中国林业出版社,2001.

赵家荣,秦八一. 水生观赏植物. 北京:化学工业出版社,2003.

赵兰勇,孟繁胜. 花卉繁殖与栽培技术. 北京:中国林业出版社,2000.

(日)佐野清,冈村彰著;刘醒群译. 花卉盆栽. 北京:科学普及出版社,1981.

第十章　茶树种质资源学

中国是茶树的发源地，也是世界上最早发现和开发利用茶叶的国家。茶树在中国被发现和利用约有5 000年的历史，人工栽培茶树也有约3 000年的历史。古今世界各国栽培和利用的茶树都是直接或者间接从中国传播出去的。

第一节　茶树起源研究

17世纪以前，一直公认茶树原产于中国。1753年植物分类学家林奈(Linaeus)对中国武夷山茶树标本进行了研究，将茶树命名为Thea sinensis，即中国茶树。然而，1824年驻印英军勃鲁士(R. Bruce)在印度阿萨姆省发现了野生茶树，并于1838年发表了有关茶树原产地的小册子，称茶的原产地在印度。此后，对茶树原产地的观点出现了分歧，并引起了植物分类学界和茶学界的关注，许多学者对此开展了广泛而更深入的研究。随后出现了关于茶树原产地的多种观点。

一、茶树原产于中国的"一元论"

持该观点者的第一个依据是中国是利用和栽培茶树最早的国家，而且野生大茶树在中国分布最广、数量最多，茶树类型及变异也最多。第二个依据是大部分茶树亲缘植物也产于中国。中国茶学界和植物分类界的学者基本支持这一观点。前苏联的勃列契尼德和杰莫哈节、法国的金奈尔、美国的瓦尔茂、威尔逊以及日本的志村乔和武田善行等分别根据从细胞遗传学、数值分类学、酶学等手段进行研究，都认为中国类型和阿萨姆类型的茶树具有共同的起源，即茶树原产中国。一些印度学者也持同样观点，印度茶业委员会曾于1835年组织科学调查团，对阿萨姆所发现的野生茶树进行了深入调查，认为在阿萨姆所发现的野生茶树与中国传入的茶树同属中国变种，但由于野生已久，在形态和品质上与中国茶树出现差异。

二、茶树原产于印度和中国的"二元论"

荷兰植物学家Cohen Stuart于1919年考察了中国西藏、云南和印度支那等地，均发现野生茶树；他认为中国东部和东南部没有关于大叶类型大茶树的记载。根据茶树形态上的不同，可以分为二个原产地：一个是大叶类型茶树，原产于中国四川、云南以及越南、缅甸、泰国、印度阿萨姆等地；另一个是小叶类型茶树，原产于中国东部和东南部地区。

三、茶树原产地"多元论"

美国学者威廉·乌克斯在他的《茶叶全树》（All About Tea）记述：凡是自然条件适合而又有野生植物的地方都是茶树的原产地，包括泰国北部、缅甸东部、越南，中国云南、印度阿萨姆等。他的依据是这些地区的生态环境条件包括土壤、气候和雨量都适合茶树生长和繁殖，是茶树原产地中心。

四、茶树原产于依洛瓦底江发源地的"折中论"

持这一观点的代表是英国 Eden 氏，在他的《茶》（Tea）一书中记述："茶树原产依洛瓦底江发源处的中心地带，或者在这个中心地带以北的无名高地"，即缅甸的江心坡或以北的中国云南、西藏一带。

除茶树原产于中国的"一元论"以外，其他观点的立论根据都是以"大茶树的有无"为唯一标准。20 世纪以来、尤其是 20 世纪后半叶，中国茶叶工作者在全国许多地方发现了大量的野生大茶树和相关资料，为茶树原产于中国的"一元论"提供了充分的依据，所以该观点得到了广泛的认可。

对茶树的起源、特别是传播，修改性地引用星川清亲的结果，如图 10-1 所示。

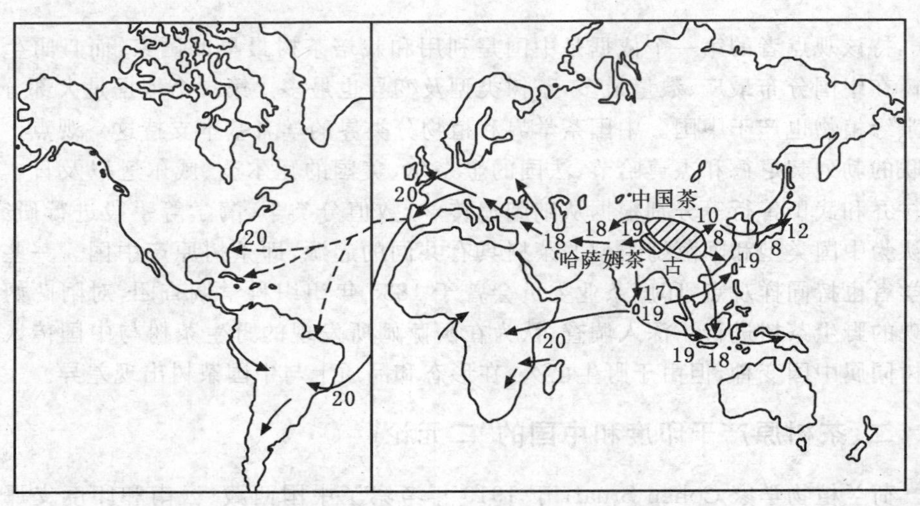

图 10-1　茶树的起源传播示意图

第二节 茶树分类研究

自从 C. Linnaeus(1753) 以 *Thea sinensis* L. 为模式建立了茶属 *Genus Thea* 后，对茶树的分类，一直存在着学术争论。20 世纪 80 年代以前，多数学者基本认同茶树归类为 *Camellia sinensis*（L.）O. Kuntze，分类的争论主要在种以下的变种分类上；此后由于新种的不断发现，种的分类数及分类方案也有了分歧。

张宏达(1981)对新发现的野生资源系统研究后，将茶组植物的形态特征进行了描述，并将茶组植物分为 17 种，全部产于中国南部及西南部，其中 2 种扩展到缅甸及越南的北部。

张宏达把山茶属分为 4 个亚属(*subgenus*)，即原始山茶亚属(subgen. *Protocamellia* Chang)、山茶亚属(subgen. *Camellia*)、茶亚属[subgen. *Thea*（L.）Chang]和后生山茶亚属(subgen. *Metacamellia* Chang)。茶亚属下又分 8 个组，茶被列入茶组[Sect. *Thea*（L.）Dyer]，茶组 Sect. *Thea*（L.）Dyer 的模式种为茶 *Camellia sinensis*（L.）O. Kuntze。根据子房有毛或无毛，子房 5(4)室或 3(2)室，茶组植物进一步分为 4 系，该 4 个系是按性状的逐步进化而划分的。如野生型茶树多属于前 3 系，而栽培型茶树则多属于茶系。第一系五室茶系(Ser. Ⅰ，Quinqueloculclaris Chang)：包括 3 种，即五室茶(*Camellia quinqueiocularis* Chang et Liang, sp. nov.)、广西茶(*Camellia kwangsiensis* Chang sp. nov)、四球茶(*Camellia tetracocca* Chang, sp. nov.)等。第二系五柱茶系(Ser. Ⅱ，*Pentastylae cllan*)：包括 5 种，即五柱茶(*Camellia pentastyla* Chang, sp. nov.)、皱叶茶(*Camellia crispula* Chang, sp. nov.)、大理茶(*Camema taliensis*（W. W. Sm.）Melch)、厚轴茶(*Camellia crasscolumna* Chang, sp. nov.)、滇缅茶(*Camellia irrawadiensis* Barua)等。第三系秃房茶系(Ser. Ⅲ，*Gymnogynae* Chang)：包括 4 种，即秃房茶(*Camellia gymnogyna* Chang, sp. nov)、膜叶茶(*Camellia leptophylla* S. Y. Liang, sp. nov.)、榕江茶(*Camellia yungkiangensis* Chang, sp. nov.)、突肋茶(*Camellia costata* Hu et Liang, sp. nov.)等。第四系茶系(Ser. Ⅳ，*Sinensis* Chang)：包括 5 种，即茶(*Camellia sinensis*（L.）O. Kuntze)(有普洱茶、白毛茶和长叶茶 3 变种)、狭叶茶(*Camellia angustifolia* Chang, sp. nov.)、细萼茶(*Camellia pavisepala* Chang, sp. nov.)、毛叶茶(*Camellia ptilophylla* Chang, sp. nov.)、毛肋茶(*Camellia pubicosta* Merr.)等。

根据上述分类法进行分类，截至 1990 年共有 4 个系 44 种 3 个变种。

闵天禄于 1992 年对山茶属茶组[Sect. *Thea*（L.）Dyer]和秃茶组[Sect.

Glaberrima Chang]的 47 个种和 3 个变种进行了分类订正，取消了"系"这一单元，将张宏达所建立的秃茶组并入茶组，将原茶组中的毛肋茶(*C. pubicosta* Merr.)并入离蕊茶组(Sect. *Corallina* Sealy)中。这样茶组植物共有 12 个种 6 个变种，即大厂茶(*Camellia tachangensis*)、广西茶(*Camellia kwangsiensis*，包括广西茶毛萼广西茶变种(*C. kwangsiensis* var. *kwangnanica*)、大苞茶(*Camellia grandibracteata*)、大理茶(*Camellia taliensis*)、厚轴茶(*Camellia crassicolumna*)，包括光萼厚轴茶变种(*C. crassicolumna* var. *multiplex*)、秃房茶(*Camellia gymnogyna*)，包括疏齿秃房茶变种(var. *remotiserrata*)、紫果茶(*Camellia purpurea*)、突肋茶(*Camellia costata*)、膜叶茶(*Camellia leptophylla*)、毛叶茶(*Camellia ptilophylla*)、防城茶(*Camellia fangchengensis*)和茶(*Camellia sinensis* (L.) O. Kuntze)，包括普洱茶变种(*C. sinensis* var *assamica*)、德宏茶变种(*C. sinensis* var. *dehungensis*)、白毛茶变种(*C. sinensis* var. *pubilimba*)。

茶树种以下的变种分类也长期存在争论和修订。Linnaeus(1762)将茶树分为两个种：花瓣数为 6 的为红茶(*Thea bohea*)和花瓣数为 9 的为绿茶(*Thea virids*)。Watt(1908)将茶树分为 4 个变种 6 个类型：①尖叶变种(var. *viridis*)，其中又分为 6 个类型：即阿萨姆型(*Assam lndigenous*)，老挝型(*Lushai*)，那伽山型(*Naga*)，马尼坡型(*Manipur*)，缅甸及掸部型(*Burma and Shan*)，云南型(*Yunan*)；②武夷变种(var. *bohea*)；③直叶变种(var. *stricta*)；④毛萼变种(var. *lasiocalyx*)。后来，Stuart(1919)在 Watt 分类的基础上进行了归并，提出 4 个变种，即武夷变种(var. *bohea*)；中国大叶变种(var. *macrophylla*)；掸形变种(var. *shah form*)和阿萨姆变种(var. *assamica*)。Eden(1958)在《茶》一书中将茶树分为 3 个变种，即中国变种(var. *sinensis*)，印度变种(var. *assamica*)和柬埔寨变种(var. *cambodia*)。Sealy(1958)将茶树分为亲缘关系较近的 3 个种，即中国种(*C. sinensis*)，包括中国变种(var. *sinensis*)，阿萨姆变种(var. *assamica*)2 个变种；大理种(*C. taliensis*)和伊洛瓦底种(*C. irrawadiensis*)。在日本 1970 年出版的《新茶叶全书》中，将茶种分为印度大叶种变种(var. *assamica*)、印度小叶变种(var. *burmensi*)、中国大叶变种(var，*macrophylla*)和中国小叶变种(var. *bohea*)。1971 年，前苏联茶树育种家将茶树分为两个地理亚种 10 个变种：中国亚种(ssp. *sinensis*)：包括日本变种、中国变种和中国大叶变种；印度亚种(ssp. *assamica*)，包括阿萨姆变种、老挝变种、那伽山变种、马尼坡变种、缅甸变种、云南变种和锡兰变种。Bezbaruah 等(1976)将茶树分为 2 个种 1 个亚种，即中国种(*C. sinensis*)、阿萨姆种(*C. assamica*)及尖萼亚种(*C. assamica* ssp. *lasiocalyx*)。

中国茶学家、浙江大学教授庄晚芳等(1981)根据茶树亲缘关系、利用价值以及地理分布等因素，将茶树(*Camellia sinensis* (L.) O. Kuntze)分为2个亚种7个变种，即云南亚种(ssp. *yunnan*)和武夷亚种(ssp. *bohea*)。云南亚种(ssp. *yunnan*)包括云南变种(var. *yunnansis*)、川黔变种(var. *chuan-qiansis*)、皋芦变种(var. *macrophylla* or var. *kulusis*)和阿萨姆变种(var. *assamica*)；武夷亚种(ssp. *bohea*)包括武夷变种(var. *bohea*)、江南变种(var. *jiangnansis*)和不孕变种(var. *sterilities*)。该变种分类的云南亚种(ssp. *yunnan*)与Watt分类的尖叶变种(var. *viridis*)是一致的，武夷亚种(ssp. *bohea*)是与Stuart分类中的武夷变种(var. *bohea*))一致。庄晚芳等的分类综合了Watt和Stuart茶树分类系统的优点，能较好地反映茶树种群间的亲缘关系和利用价值。

第三节 中国野生大茶树研究

在中国，将树体高大、年代久远的野生型或栽培型非人工管理的大茶树统称为野生大茶树。关于野生大茶树，中国早在唐·陆羽(728—804)《茶经》中就有记载了。20世纪50年代以来，中国科学家先后在云南、贵州、广西、四川、广东、江西、海南等省区发现了野生大茶树，而且数量多，分布广，类型丰富。具体体现有以下几方面。

一、中国野生大茶树分布区域

中国的野生大茶树主要分布在西南和华南地区，根据分布状况不同，可以分为横断山脉分布区、滇桂黔分布区、滇川黔分布区、南岭山脉分布区等4大分布区域，累计有200多处。

横断山脉分布区位于22°～26°N，98°～101°E，即云南西南部和西部，地处青藏高原东部的横断山脉中段、怒江、澜沧江流域。目前已发现的树体最大，年代最久远的大茶树都分布在该区，如著名的巴达大茶树、千家寨大茶树、邦崴大茶树等。

滇桂黔分布区位于23°～26°N，102°～107°E，地跨云南、广西、贵州3省交界。著名大茶树有云南的师宗大茶树、广西的巴平大茶树、贵州的兴义大茶树等。代表种是大厂茶(*C. tachangensis* F. C. Zhang)、厚轴茶(*C. crassicolumna* Chang)等。

滇川黔分布区位于27°～29°N，104°～107°E，是云南、四川、贵州3省接合部，也是云贵高原向第二台地的过渡带。云南镇雄大茶树、四川古蔺大茶树、贵州习水大茶树等产于此区。分类上多属秃房茶(*C. gymnogyna* Chang)，少数为普洱茶(*Csinensisvar. assamica* (Masters)Chang)等。

南岭山脉分布区沿25°N线的长形分布带，地跨南岭山脉两侧。其北侧多以小乔木型大叶类为主的苦茶，如著名的湖南江华苦茶、鄙县苦茶，广东的龙山苦茶、乳源苦茶，江西的安远苦茶、寻乌苦茶等。在南岭山脉南侧，沿广西的红水河流域到广东北部的大瑶山一带生长着“多毛型”茶树。分类上属白毛茶（*C. sinensis* var. *pubilimba* Chang）。

按不同省份统计，云南省是野生大茶树最多的省份，茶组植物大多数的种和变种都在云南省发现，根据张宏达分类系统的茶组植物 37 种 3 个变种中，云南有 31 个种 2 个变种，占 82.5％；其中最原始的大厂茶、厚轴茶和大理茶等在云南东南部和南部分布最多。表现出作物原产地物种在地域分布上最显著的特点。

二、中国野生大茶树遗传多样性

对中国野生型大茶树和栽培型茶树的系统比较研究表明，在形态特征、遗传基础等方面，由野生型到栽培型都发生了连续的、渐进的变化，并表现出极为丰富的多样性。

茶组植物野生类型染色体核型以 2A 为主，对称性较高；而栽培类型茶树的核型以 2B 为主。

在树型方面，对野生茶树的大量研究资料表明，茶树从原始的乔木型、单轴分枝逐步向灌木型、合轴或无轴分枝变化。单轴直生，分枝高离地面，树冠高大的乔木型茶树属较原始型的茶种，野生大茶树是原始茶种的直接后裔，是现在栽培茶种的原始种群。所以，现有茶树的树型可以分为乔木、小乔木和灌木 3 类。

在茶树叶片的演化方面，演化趋势是：大→中→小。多数原始型茶树叶片表现为叶型大而平滑、叶尖延长的特点，而栽培型茶树叶片则表现变小、叶尖浑圆或凹头，叶面隆起或波缘是茶树的次生结构。同时，叶片内部的解剖结构也发生变化，原始型茶树叶片仅具有一层栅状组织细胞，随着从原产地向北部地区迁移，栅状组织细胞由 1 层向 2 层或多层变化。茶树叶片的化学成分含量也在进化过程发生变化，随着从原产地向北部地区迁移，茶多酚含量呈下降趋势，而且茶多酚的组成中的主要成分——儿茶素也由简单到复杂的发展规律，原始型的茶树叶片生化的简单儿茶素与复杂儿茶素的组成比率高，即 *L*-表儿茶素＋*D*,*L*-儿茶素含量高；在进化中 *L*-表没食子酸酯含量逐步呈增高趋势。

植物花器演化研究表明，花序单生为原始型，丛生花序为次生结构。茶树花径的演化从大到小发展，较原始种群的花直径大，较原始种群的花瓣离生、花瓣数多；原始型茶树的雄蕊数多，内轮离生、外轮低度连合。茶树花的花柱是由几个花柱连合而成，但上部保持着不同程度的原始离生状态，即为柱头分裂数（花柱数或心皮数），山茶属花柱分裂数越多，分离度越高的越原始。

茶树蒴果有5室,4室、3室、2室和1室。原始型茶树的蒴果一般具有多室性,而3室以下的蒴果容易见到果室退化的痕迹。

第四节　茶树遗传育种学研究

一、中国

我国茶树遗传育种的研究历史悠久,早期的工作可追溯到2 000多年以前对茶树形态和分类的研究。《尔雅》一书曾将茶树分为"木贾"(即乔木型茶树)和"茶"(即灌木型茶树)2类。晋代郭璞(276—324)的《尔雅注》曰:"早取为茶,晚取为茗,或一曰舛耳。"唐代陆羽(733—804)《茶经》载:"紫者上,绿者次;笋者上,芽者次;叶卷上,叶舒次",论述了茶树形态特征与茶叶品质之间的关系,为有目的地开展茶树选种提供了依据。宋代宋子安的《东溪试茶录》(1064)根据茶树叶型、树型和发芽迟早将茶树分为7类,即白叶茶、柑叶茶、早茶、细叶茶、稽茶、晚茶和丛茶。宋徽宗赵佶的《大观茶论》(1107)记载:"白茶自为一种,与常茶不同,其条敷阐,其叶莹薄,崖林之间,偶然生出,虽非人力所可致,有者不过四五家,生者不过一二株,所造止于二三胯而已。"在明代之前,中国的茶树繁殖限于种子直播,明代后期出现了种子床播育苗移栽法。当时的茶树品种均为有性繁殖品种,为了防止品种退化,采用集团选种法进行品种改良。清代出现了茶树压条和扦插技术,于福建一带开展了无性繁殖系茶树品种选育,相继育成了一批著名的无性系茶树品种,如"铁观音"(1780)、"水仙"(1842)、"黄檀"(1877)、"福鼎大白茶"(1857)等。为了提高繁殖系数,茶树扦插技术逐步由"长枝扦插"发展成为"短穗扦插",并于20世纪30年代向世界各产茶国推广。

现代茶树育种,始于20世纪30年代对茶树品种资源的系统调查研究;20世纪50年代中国全国大专院校茶叶系科和各省茶叶科学研究所(站)进行了调整,一些产茶省份的大专院校和茶叶研究所设立了茶树育种科室或者课题项目组,开展了茶树育种及基础理论研究;1963年,全国初步整理出地方茶树品种和类型350个,其中257个有性状记载资料;1964年召开了全国茶树育种工作会议,交流了育种经验,制订了有关育种程序,开始了全国性的茶树系统育种工作;1965年,在全国茶树品种资源研究及利用学术讨论会上,对各省茶树品种作了评审,提出了福鼎大白茶等21个优良品种向全国推广。从"七五"计划开始,国家将茶树种质资源的收集、评价和利用研究列入国家科技攻关项目,并加强了对茶树种质资源的管理,经过15年的调查研究,基本上摸清了我国茶树种质资源的数量和分布,在浙江杭州和云南勐海各建一座茶树种质资源圃。通过对入圃种质材料的鉴定、评价，建立了一批种质资源的农艺性状、抗性、品质、生化成分及适制性等数据库，评选出一批优良或特异种质，提供育种和生产利用。

茶树专业育种和茶树良种繁育制度也在20世纪得到逐步完善。在浙江杭州、河南信阳、广东英德等地设立区试点，先后进行了两批70个品种的区域试验。并先后于1985年、1987年、1994年、1998年和2001年认定或审定95个茶树品种，作为国家茶树品种在全国推广。1992年提出了栽培茶园实行无性系良种化建议。1997年在全国实施淘汰种子直播和移栽实生苗的传统做法，计划经过30年的努力使全国实现无性系良种化。

为了扩大茶树育种材料的变异度，各地相继采用了杂交育种、辐射诱变、化学诱变、单倍体育种技术、分子标记育种和转基因技术，提高了育种效率。1981年在福建农学院培育出世界上第1株茶树单倍体植株；20世纪末期建立了茶树转基因和遗传转化体系。

二、日本

日本的茶树遗传育种研究随着本国经济的发展而变化。早在1860年，日本首次将茶叶出口至美国，并意外地受到好评，之后茶叶输出逐渐扩大。至19世纪60年代后期，茶叶生产量的70%～80%出口到美国和加拿大。但世界茶叶消费以红茶为主，从此日本开始向国外广泛收集红茶品种资源，通过杂交育种等手段培育出生产需要的红茶品种，加以普及，出现了日本茶叶产业的辉煌时期。此后，随着其他国家优质红茶的发展，日本红茶逐渐出现萎缩，到1970年，红茶产量只有23 t。但此时日本经济正处于高速成长阶段，国内对绿茶的需求量不断增加。日本的茶树育种几乎放弃了红茶品种选育的研究，转入以引入中国等地耐寒力强的绿茶品种资源及绿茶品种选育为主，使茶叶生产再次推向鼎盛时期。近年来，由于品种单一化而导致的炭疽病等蔓延，以及茶叶某些特殊化学成分的工业化利用及新产品开发，茶树遗传育种又侧重于生物工程、基因工程等手段创造特殊用途的育种资源以及种质资源的保存等方面。

日本民间茶树育种始于明治初年(1867年前后)，1886—1888年，小杉庄藏和富永宇吉先后育成了“牧之原早生”和“富永早生”2个无性系品种。杉山彦三郎从1887年开始，先后育成茶树品种品系80多个，其中包括“薮北种”(1954年农林省审定登记为“茶农林6号”，现推广面积占日本茶园面积的70%以上)。

日本的专业茶树育种，始于1875年(明治初)政府从中国、印度、斯里兰卡等国引进一批茶树品种。1896年，成立西浦原制茶所，从宇治地方群体中选拔优良个体,1905 年改为西浦原农业试验站。1919 年,金谷町设立农林省茶叶试验场。1932 年,农林省指定 2 个县茶叶试验场承担茶树育种试验。同时,茶树扦插繁殖在该国获得成功,为无性系品种选育奠定了基础。1935 年和 1940 年,先后建立农林省指定的茶树原种繁育圃 4 处。1952 年,日本颁布《茶树育种纲要》。1953 年,开始执行茶树品种登记制度。

(一)茶树遗传资源的收集和保存

1. 引进中国茶树品种资源

1876 年,多田元吉先生从江西九江、湖北汉口带回了红茶、砖茶加工器具、制茶方法以及茶树种子等,其种子种植于内藤新宿试验场。1891 年,再次从武昌引进茶子,种于东京西原。静冈县茶业研究会于 1905 年将这些茶树采下的种子进行系统选择,截至 1939 年共选出 220 个晶系(编号 5001～5220),其中红茶品种——“唐红种”就是由 5031 号培育而成。1918 年静冈县农事试验场茶业部由安徽省祁门引进种子并从中进行系统选择,至 1939 年,共选出 122 个品系(编号 1001～1122)。1920 年,国立茶业试验场由浙江省引进茶子,其中目前保存的 03 号、05 号等品系就是从这些茶子选拔出来的单株。1921 年,由中国友人朱氏向国立茶业试验场赠送湖北省所产茶子,迄今仍保存 11 个品系(ch10-20)。20 世纪 30 年代是日本引进中国茶树种质资源最多的时期。战后的 30 年时间,从中国内地直接引进茶树资源曾经中断,1978 年中日友好条约的签订,引种又重新兴起。1979 年田野信夫先生从浙江省引进茶子,用于半发酵茶品种选育。1980 年,武田善行等引进了大叶种和小叶种茶树品种。除此以外,还从台湾省引进了大量的中国茶树种子和苗木。

2. 引进阿萨姆种茶树资源

1876 年多田元吉等 3 人从印度购买了茶书、茶样、茶机等回国,并委托当地有关人士于茶子成熟时采收茶子,1877 年送回到日本,红茶品种“茶农林 1 号-红誉”就是后来从中选育而成的。1902 年制茶试验所委托外务省从印度引进茶子 1 kg,目前农水省茶业试验场(金谷)保存的 A1-10 号品系可能来源于此。1927 年“三井物产”公司驻加尔各答分公司购买了阿萨姆茶子三斗,于 1928 年寄回日本,这就是现在所谓的 Ai 系统茶树。1931 年,“三井物产”从印度大吉岭茶区购进了 Kyang种茶子 72.576 kg(160 磅),赠予农林省,即目前的 Ak 系列茶树品种资源。1945—1955 年间,以种子交换等形式引进了印度的 Betja、Naga、Lushai、Manipuri、Burma、Darjeeling 等茶树品种。其中 1945 年从大吉岭引进的耐寒性中国茶种品树,命名为 cd 系统。

3. 引进其他地区茶树资源

其他被引种较多的地区是前苏联，1928 年 6 月从高加索引进了茶子种于农林省茶业试验场和宫崎县茶叶试验场，并命名为 Mc 系统。1963 年在日苏技术交流计划中，引进了格鲁吉亚 1～10 号品种。松下智和安间舜分别于 1970 年和 1973 年从韩国引进了茶树种子。1973 年河谷和坂本等人考察伊朗时从伊朗引进了中国小叶种。1955—1956 年从马来西亚吉隆坡引进了阿萨姆种子种于东近农试茶业部，叶型大而耐寒，被命名为 Bon 或 Abo 系统。此外，先后 9 次从斯里兰卡引种了阿萨姆种茶树。其中 1956 年、1960 年、1962 年、1963 年、1964 等年份引进数量较多。1957 年从越南 Shanpakah 引进了一些特异茶树材料，其中个别茶树的花冠直径达 7 cm 之大。1963 年志村乔教授率"东南亚茶起源调查团"前往缅甸考察，收集了一些红芽、子房无毛的茶树。

(二)茶树遗传资源的研究

日本对于茶树资源分类的研究一般把茶树(*Camellia sinensis*)划为 3 类：即中国种、日本种和阿萨姆种。其中日本种是早期从中国引进的，是中国种的一部分。

1. 抗性研究

日本最早期的茶树资源研究是把茶树耐寒力进行分类，按不同来源划分，耐寒力最强为来自中国大陆的茶树，其次是日本种和来自韩国的茶树，耐寒力最差的是阿萨姆种，中国台湾的茶树品种耐寒力较低。

抗炭疽病的能力与新叶茸毛多少及其退化速度有关。研究证明阿萨姆种茶树抗炭疽病能力强；中国种茶树多数具有较强抗性，个别抗性很弱；日本种抗炭疽病能力差异很大，而且以抗性弱者较多。对茶轮斑病的抗性也表现出明显的地区性差异。阿萨姆种大部分具有高度抗性；中国种少数抗性较弱；日本种抗性强的品种不足半数。遗传分析显示，茶树对轮斑病的抗病性是由 2 个独立显性基因 *PL*1 和 *PL*2 控制；*PL*1 具有高度抗病性，*PL*2 具有中等抗病性，而且 *PL*1 具有上位性作用。

2. 形态特征的研究

嫩叶叶背茸毛性状表现出明显的变种差异，阿萨姆种的茸毛较少，茸毛长度也较短且主要分布在主脉的两侧。中国种和日本种的茸毛密度大而且长，并分布于整个叶背。在花器形态方面，典型的日本种花器雌蕊与雄蕊等高或短于雄蕊。几乎所有中国种茶树雌蕊高于雄蕊，而且柱头出现分叉。许多阿萨姆种茶树雌蕊高于雄蕊，也有部分是等高的。子房无毛或少毛的品种可在阿萨姆种中发现。按形态指标的聚类分析结果，台湾山茶属于阿萨姆种，从越南引进的掸部种属于阿萨姆杂种。

3.不同茶树资源咖啡碱和茶多酚含量差异研究

新梢茶多酚和咖啡碱含量变异范围很广。茶多酚含量变异范围为9.37%～26.82%,咖啡碱变异范围为1.64%～5.46%,阿萨姆种变异最大,变异范围分别为11.69%～26.82%和2.67%～5.46%;其次为中国种,分别为11.32%～21.61%和1.64%～5.46%;日本种变异很小,分别为9.37%～20.0%和1.85%～3.87%。茶多酚含量高于25%的品种全部为阿萨姆变种。咖啡碱含量低于2%的品种中,来自中国的有2个,来自日本的有7个。

4.发酵性能研究

茶树品种的发酵性能与新梢茶多酚类含量和多酚氧化酶活力有关。氯仿发酵试验结果表明,阿萨姆种最高,中国种次之,日本种最低。

5.香气特性研究

对不同类型茶树香气成分分析表明,日本种以橙花叔醇和苯甲醛为主,阿萨姆种则以芳樟醇为主,中国种又以香叶醇组分比例较高。

(三)茶树遗传资源的利用和新品种的选育

目前,日本茶叶试验机构分为中央和地方(县)两个层次,分别从事茶树资源保存、茶叶栽培与加工等方面的研究。早期为了培育抗寒力强的红茶品种,以阿萨姆种为亲本居多;后期为了培育高香型的绿茶品种,杂交试验又以中国种为亲本居多。在农林水产省登录的47个茶树品种中,有16个是利用海外茶树资源的实生后代或人工杂交后代培育而成的。为了解决茶树抗性问题和本国育种资源贫乏的问题,日本除了对引进茶树进行杂交育种以外,还积极开展茶与山茶科其他种植物的远缘杂交。

三、其他国家茶树遗传育种的研究

印度于1900年成立茶叶科学部试验站,开始有计划收集茶树品种资源。1911年迁址Tocklai,继续茶树品种改良工作。1931年,茶树扦插技术成功。1936年,制订《茶树品种改良培育计划》,确定以培育高产优质红茶品种为主要目标,同时开展引种、苗圃选拔、人工杂交等研究。1967年,大吉岭Cing茶场建立无性系鉴定场,开展无性系的系统鉴定工作。在育种成果方面,1948年推出茶树品种TV1-3号;1950年推出1个多无性系St203;1965年开始,每3年推出1个新品种。截至1991年,共推荐29个无性系,7个双(多)无性系。

印度尼西亚早期主要是从印度等国引进茶树品种发展本国茶叶生产。1902年起,在Java茶叶试验站开展集团选择改良品种,培育优良茶子。20世纪30年代开始,引入短穗扦插法,繁殖无性系茶苗。1940年,重新制订《茶树育种计划》,确定培育抗病、抗虫高产无性系为主要育种目标。20 世纪 60 年代开始，恢复因第二次世界大战停止的茶树育种工作，1974 年育成首批无性系品种。1978 年以来，共育成和推荐无性系品种 20 多个，另外，还从斯里兰卡引进 TRI2024、TRI2025 等无性系。

斯里兰卡在 20 世纪 30 年代中期，引进茶树短穗扦插技术，开始有意识地用选择法改良茶树品种。1961 年，实施《茶树育种方案》，从实生苗后代选择无性系，或培育双无性系。1946 年推荐 TRI2020 等无性系 7 个。1958 年，颁布《茶树改植补贴方案》，规定用良种茶树种苗作为改植换种的材料，推荐无性系 300 多个（包括初步筛选的无性系），其中 40 个为育成无性系品种，推广面积较大。近年来，又育成 13 个无性系和 8 个双（多）无性系。

第五节　茶树品种主要经济性状的鉴定

鉴定的原则是：重点突出、唯一差异、正确取样、系统记载。

一、丰产性鉴定

（一）茶树形态特征与茶叶产量的关系

茶叶丰产性取决于单位土地面积上所产生的芽叶数和平均单芽重，且芽叶数量与产量之间相关比芽叶重与产量之间的相关更为密切，相关系数在 $r>0.8$ 以上，在产量鉴定时，更应侧重芽数。芽数与茶树的树冠结构密切相关，采摘面积大，发芽密，芽数则多，产量也高；采摘面小，分枝少，发芽稀，则芽数少，产量低。

在常规种植方式下，理想的高产株型应该是：骨干枝粗壮，分枝数较多，发芽密度大，具有较大的分枝角度和较小的叶片着生角度；对株型的要求，如实行矮化密植栽培法，则以直立型、顶端优势强的植株较为理想。

（二）茶树解剖结构和生理活性与茶叶产量的关系

研究表明，大叶种茶树叶片海绵组织密度和栅栏组织密度与产量分别呈极显著和显著正相关；小叶种茶树叶片海绵组织密度与产量呈显著正相关；小叶种叶片上、下表皮厚度与茶叶产量呈显著负相关。茶树品种根的初生维管数目越多，产生侧根数多、吸收能力强，产量高；茶树胚根内木质部厚度与韧皮部厚度之比以及叶片下表皮气孔密度与产量有关；夏季或春季的光合速率分别与茶叶产量呈正相关。

（三）茶树苗期和幼年期性状与茶叶产量的关系

有人认为，无性系茶苗的高度、茎粗、根和芽梢等的生长速率与成龄茶树的产量有关，提出了根据无性系茶苗的这些特征特性选择高产无性系；但也有人提出不同看法。

幼龄茶树每年定型修剪枝叶重量是鉴别成龄茶树产量高低的简单而可行的方法。

(四)茶树单株性状与茶叶产量的关系

茶叶产量一般以单位土地面积上的茶树群体产量来衡量。有研究表明,单株芽叶数、新梢着叶数、叶面隆起性、单株平均芽重以及单株产量与无性系后代的产量分别呈正相关。这些性状和特性可以作为无性系茶树品种选择的早期鉴定指标。

二、茶树品种制茶适应性鉴定

(一)生化成分和品种制茶适应性的关系

生产实践中,可将茶树品种分为适制发酵茶类的品种、非发酵茶类的品种和半发酵茶类的品种等 3 大类。

茶叶中的化学成分很多,经分离鉴定的化学物已超过 500 种,包括多酚类、氨基酸、蛋白质、芳香油、生物碱、糖类、色素、有机酸、维生素、酶类以及无机成分等。据报道,适制红茶品种的生化指标是:儿茶素类化合物含量较高,复杂儿茶素比重大,儿茶素组成中 *L*-表没食子酸儿茶素(*L*-EGC)及其没食子酸酯(*L*-EGCG)含量丰富,儿茶素/氨基酸比值大,并有适量的咖啡碱。适制绿茶的品种生化指标是:儿茶素总含量较低,简单儿茶素比重较大,儿茶素/氨基酸比值较小,多酚类、还原糖和水浸出物含量适中,全氮和咖啡碱含量高,而且特别要求富含氨基酸及其组成中的茶氨酸。

(二)茶树形态特征与生化成分的关系

树型上,树体高大的乔木型大叶类品种碳素代谢旺盛,多酚类的合成和积累量较大,一般适制红茶;茶树从原产地不断北移,逐步矮化成灌木型,代谢特点是由糖类向多酚类的转化减少,氮素代谢加强,体内含氮化合物含量高,这种茶树鲜叶制成的绿茶,一般品质较优。

芽叶性状上,叶尖长度与多酚类含量有关,叶尖越长的品种一般多酚类含量越高。叶面光泽性与正常芽叶数以及咖啡碱含量均呈中度正相关,叶面隆起性与正常芽叶数以及咖啡碱含量也呈中度正相关;所以,叶面光泽性与隆起性强是优质红茶原料的标志之一。

叶片大小、形状和厚度以及芽叶茸毛的多少均与适制性有关,一般而言,大叶种适制红茶,中小,叶种适制绿茶;叶形长的适宜制眉茶,叶形圆的适宜制珠茶;叶片较厚的制绿茶为好,叶片较薄的制红茶为优;芽叶茸毛多的品种,其成茶毫峰显露，是优质的标志之一。茸毛还是许多特种名茶，如白毫银针、白牡丹及毛峰等所必须具备的条件。

三、抗逆力鉴定

除必需的抗寒力、抗旱力鉴定外，对茶树往往还进行抗病虫力、繁殖能力等方面的鉴定。

抗病虫力方面，有调查发现，福建水仙和政和大白茶易受长白蚧为害，而在同样栽培条件下的毛蟹品种对长白蚧则有较强的抵抗力，祁门槠叶种、陕西紫阳种，鸠坑种等品种对芽枯病抗性强，而迎霜和福鼎大白茶却容易感染。

繁殖力方面，有研究表明，无性系茶树品种插穗母叶淀粉含量、碳水化合物总含量和插穗母茎碳氮比例分别与扦插后2个月时的最长根长呈极显著和显著正相关。

第六节　茶树优良品种

我国作物品种审定委员会茶树专业委员会曾经对全国各地育成的茶树品种进行了2次认定和2次审定，共审（认）定95个茶树品种作为国家审（认）定茶树品种，向全国推广。第1次是1985年，认定了30个茶树品种为国家茶树品种，这批茶树品种全部是各地传统茶树良种，其中无性繁殖茶树品种13个，种子（有性）繁殖品种17个；第2次于1987年认定通过了1949年以后各育种单位育成的无性繁殖茶树品种25个；第3次于1994年审定通过了无性系品种22个；第4次于2001年审定通过了18个茶树品种。所以，在95个国家审（认）定茶树品种中，无性系茶树品种78个，种子（有性）繁殖茶树品种17个。其中，红茶品种22个，绿茶品种26个，乌龙茶品种14个，红、绿茶兼制品种33个。在78个无性系茶树品种中，红茶品种15个，绿茶品种22个，乌龙茶品种13个，红、绿茶兼制品种27个。另据统计，截至2001年，各省审（认）定了茶树品种119个，其中江苏1个，浙江18个，安徽14个，福建17个，江西2个，湖北3个，湖南15个，广东10个，四川14个，云南8个，台湾17个。此外，各省还有一批在试品种和地方品种，200余个。

一、茶树品种分类

品种分类与植物学分类不同，植物学分类一般是种（包括变种）以上的分类，而品种则指种以下的栽培品种分类。此外，两者的分类依据也不同，植物学分类是以比较形态学和亲缘关系为主要依据；而品种分类则以经济性状为主要依据。

茶树品种分类的方法，曾经有多种方案。陈兴琰等(1978)提出了"六类十三项四十目"(简称"十三项")分类法，并提出用代号填写法表示。陈文怀(1977)提出了一个较简化的分类方法：将茶树品种按树型、叶片大小和发芽迟早3个性状分为3个分类等级。第1级分类系统为"类"，乔木类、小乔木类和灌木类3大类；第2级分类系统称为"型"，大叶型、特大叶型、中叶型和小叶型；第3级分类系统称为"种"，即"品种"，早芽种、中芽种和迟芽种。陈炳环(1988)在此基础上修订为"类"只有小乔木和灌木两种；对于春茶萌发期的划分，用有效积温衡量，而不用活动积温；同时增加了特"早芽种"，由原来的3类改为4类；另外，还增加了"产量"和"茶类适制性"两项，使分类更加完善和明晰。

二、国家审(认)定的主要茶树品种

浙农121：2001年通过国家品种审定。育成单位为浙江大学茶叶研究所。无性繁殖。适宜加工红、绿茶。适宜在华南和江南茶区推广。

中茶102：2001年通过国家品种审定。育成单位为中国农业科学院茶叶研究所。无性繁殖。适宜加工绿茶、扁茶。适宜在江北和江南茶区推广。

南江2号：2001年通过国家品种审定。育成单位为重庆市茶叶研究所。无性繁殖。适宜加工绿茶。适宜在江北和江南茶区推广。

早白尖5号：2001年通过国家品种审定。育成单位为重庆市茶叶研究所。无性繁殖。适宜加工红、绿茶。适宜在江北和江南茶区推广。

赣茶2号：2001年通过国家品种审定。育成单位为江西婺源县鄣公山综合垦殖场。无性繁殖。适宜加工绿茶。适宜在江南绿茶区推广。

舒茶早：2001年通过国家品种审定。育成单位为安徽舒城县农业局。无性繁殖。适宜加工绿茶。适宜在江北和江南绿茶区推广。

皖早2号：2001年通过国家品种审定。育成单位为安徽农业科学院茶叶研究所。无性繁殖。适宜加工绿、红茶。适宜在江北和江南绿茶区推广。

鄂茶1号：2001年通过国家品种审定。育成单位为湖北省农业科学院果茶研究所。无性繁殖。适宜加工绿茶。适宜长江以南绿茶区推广栽培。

黔湄809：2001年通过国家品种审定。育成单位为贵州省茶叶科学研究所。无性繁殖。适宜加工红、绿茶。适宜在西南、华南等区栽培。

皖农3号：2001年通过国家品种审定。育成单位为安徽农业大学茶业系。无性繁殖。适宜加工红、绿茶。适宜在华南及江南南部茶区栽培。

云大淡绿：2001年通过国家品种审定。育成单位为广东省农业科学院茶叶研究所。无性繁殖。适宜加工红茶。适宜在华南红茶区栽培。

五岭红:2001年通过国家品种审定。育成单位为广东省农业科学院茶叶研究所。无性繁殖。适宜加工红茶。适宜华南红茶区栽培。

秀红:2001年通过国家品种审定。育成单位为广东省农业科学院茶叶研究所。无性繁殖。适宜加工红茶。适宜华南红茶区栽培。

岭头单丛:2001年通过国家品种审定。育成单位为广东省饶平县坪溪镇农民。无性繁殖。适宜加工乌龙茶。适宜在粤、闽等乌龙茶区栽培。

黄奇:2001年通过国家品种审定。育成单位为福建省农业科学院茶叶研究所。无性繁殖。适宜加工乌龙茶。适宜在乌龙茶区栽培。

悦茗香:2001年通过国家品种审定。育成单位为福建省农业科学院茶叶研究所。无性繁殖。适宜加工乌龙茶。适宜在乌龙茶区栽培。

黄观音:2001年通过国家品种审定。育成单位为福建省农业科学院茶叶研究所。无性繁殖。适宜加工乌龙茶。适宜乌龙茶区栽培。

金观音:2001年通过国家品种审定。育成单位为福建省农业科学院茶叶研究所。无性繁殖。适宜加工乌龙茶。适宜在乌龙茶区栽培。

桂红3号:1994年通过国家品种审定。育成单位为广西壮族自治区桂林茶叶研究所。无性繁殖。适宜加工红茶。适宜在华南茶区栽培。

桂红4号:1994年通过国家品种审定。育成单位为广西壮族自治区桂林茶叶研究所。无性繁殖。适宜加工红茶。适宜在华南茶区栽培。

杨树林783:1994年通过国家品种审定。育成单位为安徽省祁门农业局。无性繁殖。绿茶。适宜在江南和部分江北茶区栽培。

皖农95:1994年通过国家品种审定。育成单位为安徽农业大学茶业系。无性繁殖。适宜加工红、绿茶。适宜在长江以南茶区栽培。

锡茶5号:1994年通过国家品种审定。育成单位为江苏无锡市茶叶品种研究所。无性繁殖。适宜加工绿茶。适宜在长江南北茶区栽培。

锡茶11号:1994年通过国家品种审定。育成单位为江苏无锡市茶叶品种研究所。无性繁殖。适宜加工红、绿茶。适宜在长江南北茶区栽培。

寒绿:1994年通过国家品种审定。育成单位为中国农业科学院茶叶研究所。无性繁殖。适宜加工绿茶。适宜在长江南北茶区栽培。

龙井长叶:1994年通过国家品种审定。育成单位为中国农业科学院茶叶研究所。无性繁殖。适宜加工绿茶。适宜在长江南北茶区栽培。

浙农113:1994年通过国家品种审定。育成单位为浙江大学茶叶研究所。无性繁殖。适宜加工绿茶。适宜在长江南北茶区推广。

青峰:1994年通过国家品种审定。育成单位为杭州市茶叶研究所。无性繁殖。适宜加工绿茶。适宜在江南茶区栽培。

信阳10号：1994年通过国家品种审定。育成单位为河南信阳茶叶试验站。无性繁殖。适宜加工绿茶。适宜在江北和寒冷茶区推广。

八仙茶：1994年通过国家品种审定。育成单位为福建省诏安县科学技术委员会。无性繁殖。适宜加工乌龙茶、绿茶和红茶。适宜在乌龙茶区栽培。

黔湄601：1994年通过国家品种审定。育成单位为贵州湄潭茶叶科学研究所。无性繁殖。适宜加工红、绿茶。适宜在西南茶区栽培。

黔湄701：1994年通过国家品种审定。育成单位为贵州湄潭茶叶科学研究所。无性繁殖。适宜加工红茶。适宜在西南茶区栽培。

高芽齐：1994年通过国家品种审定。育成单位为湖南农业科学院茶叶研究所。无性繁殖。适宜加工红茶、绿茶。适宜在长江南北茶区栽培。

槠叶齐12：1994年通过国家品种审定。育成单位为湖南农业科学院茶叶研究所。无性繁殖。适宜加工绿茶。适宜在长江南北茶区推广。

白毫早：1994年通过国家品种审定。育成单位为湖南农业科学院茶叶研究所。无性繁殖。适宜加工绿茶。适宜在长江南北茶区推广。

尖波黄13号：1994年通过国家品种审定。育成单位为湖南农业科学院茶叶研究所。无性繁殖。适宜加工红、绿茶。适宜在长江南北茶区栽培。

蜀永703：1994年通过国家品种审定。育成单位为重庆市茶叶研究所。无性繁殖。适宜加工红、绿茶。适宜在四川、贵州等茶区栽培。

蜀永808：1994年通过国家品种审定。育成单位为重庆市茶叶研究所。无性繁殖。适宜加工红茶。适宜在西南、华南茶区栽培。

蜀永307：1994年通过国家品种审定。育成单位为重庆市茶叶研究所。无性繁殖。适宜加工红、绿茶。适宜在西南、华南茶区栽培。

蜀永401：1994年通过国家品种审定。育成单位为重庆市茶叶研究所。无性繁殖。适宜加工红茶、绿茶。适宜在西南、华南茶区栽培。

蜀永3号：1994年通过国家品种审定。育成单位为重庆市茶叶研究所。无性繁殖。适宜加工红茶。适宜在西南、华南茶区栽培。

蜀永906：1994年通过国家品种审定。育成单位为育成单位为重庆市茶叶研究所。无性繁殖。适宜加工红茶。适宜在西南、华南茶区栽培。

宜红早：1994年通过国家品种审定。育成单位为湖北宜昌县茶树良种站。无性繁殖。适宜加工红茶、绿茶。适宜在江南及华南茶区栽培。

黔湄419：1987年通过国家品种认定。育成单位为贵州湄潭茶叶科学研究所。无性繁殖。适宜加工红茶。适宜在西南茶区栽培。

黔湄 502：1987 年通过国家品种认定。育成单位为贵州湄潭茶叶科学研究所。无性繁殖。适宜加工红、绿茶。适宜在西南茶区栽培。

福云 6 号：1987 年通过国家品种认定。育成单位为福建省农业科学院茶叶研究所。无性繁殖。适宜加工红、绿、白茶。适宜在江南茶区栽培。

福云 7 号：1987 年通过国家品种认定。育成单位为福建省农业科学院茶叶研究。无性繁殖。适宜加工红、绿、白茶。适宜在江南茶区推广。

福云 10 号：1987 年通过国家品种认定。育成单位为福建省农业科学院茶叶研究所。无性繁殖。适宜加工红、绿茶。适宜在江南茶区推广。

槠叶齐：1987 年通过国家品种认定。育成单位为湖南农业科学院茶叶研究所。无性繁殖。适宜加工红、绿茶。适宜在江南茶区推广。

龙井 43：1987 年通过国家品种认定。育成单位为中国农业科学院茶叶研究所。无性繁殖。适宜加工绿茶。适宜在长江南北茶区栽培。

安徽 1 号：1987 年通过国家品种认定。育成单位为安徽省农业科学院茶叶研究所。无性繁殖。适宜加工红、绿茶。适宜在长江南北茶区推广。

安徽 3 号：1987 年通过国家品种认定。育成单位为安徽省农业科学院茶叶研究所。无性繁殖。适宜加工红、绿茶。适宜在长江南北茶区推广。

安徽 7 号：1987 年通过国家品种认定。育成单位为安徽省农业科学院茶叶研究所。无性繁殖。适宜加工绿茶。适宜在长江南北茶区推广。

迎霜：1987 年通过国家品种认定。育成单位为杭州市茶叶科学研究所。无性繁殖。适宜加工绿、适宜在江南茶区推广。

翠峰：1987 年通过国家品种认定。育成单位为杭州市茶叶科学研究所。无性繁殖。适宜加工绿茶。适宜在江南茶区推广。

劲峰：1987 年通过国家品种认定。育成单位为杭州市茶叶科学研究所。无性繁殖。适宜加工红、绿茶。适宜在江南茶区栽培。

浙农 12：1987 年通过国家品种认定。育成单位为浙江大学茶学系。无性繁殖。适宜加工红、绿茶。适宜在江南茶区推广。

蜀永 1 号：1987 年通过国家品种认定。育成单位为四川省农业科学院茶叶研究所。无性繁殖。适宜加工红茶。适宜在西南、华南茶区推广。

英红 1 号：1987 年通过国家品种认定。育成单位为广东省农业科学院茶叶研究所。无性繁殖。适宜加工红茶。适宜在华南、西南茶区栽培。

蜀永 2 号：1987 年通过国家品种认定。育成单位为四川省农业科学院茶叶研究所。无性繁殖。适宜加工红茶。适宜在西南、华南茶区栽培。

宁州 2 号：1987 年通过国家品种认定。育成单位为江西省九江市茶叶科学研究所。无性繁殖。适宜加工红、绿茶。适宜在江南茶区栽培。

云抗10号：1987年通过国家品种认定。育成单位为云南农业科学院茶叶研究所。无性繁殖。适宜加工红茶。适宜在西南或华南茶区栽培。

云抗14号：1987年通过国家品种认定。育成单位为云南农业科学院茶叶研究所。无性繁殖。适宜加工红、绿茶。适宜在西南和华南茶推广。

菊花春：1987年通过国家品种认定。育成单位为中国农业科学院茶叶研究所。无性繁殖。适宜加工绿茶、红茶。适宜在江南茶区栽培。

碧云：1987年通过国家品种认定。育成单位为中国农业科学院茶叶研究所。无性繁殖。适宜加工绿茶。适宜在江南绿茶产区栽培。

福鼎大白茶：1985年通过国家品种认定。原产福建省福鼎市。无性繁殖。适宜加工红、绿、白茶。适宜在长江南北茶区栽培。

福鼎大毫茶：1985年通过国家品种认定。原产福建省福鼎市。无性繁殖。适宜加工红、绿、白茶。适宜在长江南北及华南茶区栽培。

福安大白茶：1985年通过国家品种认定。原产福建省福安市。无性繁殖。适宜加工红、绿白茶。适宜在长江南北茶区栽培。

梅占：1985年通过国家品种认定。原产福建省福安市。无性繁殖。适宜加工乌龙茶、绿、红茶。适宜在江南茶区栽培。

政和大白茶：1985年通过国家品种认定。原产福建省政和县。无性繁殖。适宜加工红、绿、白茶。适宜在江南茶区栽培。

毛蟹：1985年通过国家品种认定。原产福建省安溪县。无性繁殖。适宜加工乌龙、绿、红茶。适宜在江南茶区栽培。

铁观音：1985年通过国家品种认定。原产福建省安溪县。无性繁殖。适宜加工乌龙、绿茶。适宜在乌龙茶区栽培。

黄木炎：1985年通过国家品种认定。原产福建省安溪县。无性繁殖。适宜加工乌龙、红、绿茶。适宜在江南茶区栽培。

福建水仙：1985年通过国家品种认定。原产福建省建阳市。无性繁殖。适宜加工乌龙、红、绿、白茶。适宜在江南茶区栽培。

本山：1985年通过国家品种认定。原产福建省安溪县。无性繁殖。适宜加工乌龙、绿茶。适宜在乌龙茶区栽培。

大叶乌龙：1985年通过国家品种认定。原产福建省安溪县。无性繁殖。适宜加工乌龙、红、绿茶。适宜在乌龙茶区栽培。

大面白：1985年通过国家品种认定。原产江西省上饶县。无性繁殖。适宜加工绿、红、乌龙茶。适宜在江南茶区栽培。

上梅州种：1985年通过国家品种认定。原产江西省婺源县。无性繁殖。适宜加工绿茶。适宜在江南绿茶茶区栽培。

勐库大叶种：1985年通过国家品种认定。原产云南省双江县勐库镇。有性繁殖。适宜加工红茶。适宜在西南和华南茶区栽培。

凤庆大叶种：1985年通过国家品种认定。原产云南凤庆县。有性繁殖。适宜加工红茶。适宜在西南和华南茶区栽培。

勐海大叶种：1985年通过国家品种认定。原产云南省勐海县。有性繁殖。适宜加工红茶。适宜在华南和西南茶区栽培。

乐昌白毛茶：1985年通过国家品种认定。原产广东省乐昌县。有性繁殖。适宜加工红茶、绿茶。适宜在华南茶区栽培。

海南大叶种：1985年通过国家品种认定。原产海南省五指山区。有性繁殖。适宜加工红茶。适宜在海南茶区栽培。

凤凰水仙：1985年通过国家品种认定。原产广东省潮安县。有性繁殖。适宜加工乌龙茶、红茶。适宜在华南茶区栽培。

宁州种：1985年通过国家品种认定。原产江西省修水县。有性繁殖。适宜加工红、绿茶。适宜在江南茶区栽培。

黄山种：1985年通过国家品种认定。原产安徽省黄山市。有性繁殖。适宜加工绿茶。适宜在长江南北和寒冷茶区栽培。

祁门种：1985年通过国家品种认定。原产安徽省祁门县。有性繁殖。适宜加工红茶。适宜在长江南北和寒冷茶区栽培。

鸠坑种：1985年通过国家品种认定。原产浙江省淳安县。有性繁殖。适宜加工绿茶。适宜在长江南北茶区栽培。

云台山种：1985年通过国家品种认定。原产湖南安化县。有性繁殖。适宜加工红、绿茶。适宜在江南茶区栽培。

湄潭苔茶：1985年通过国家品种认定。原产贵州省湄潭县。有性繁殖。适宜加工绿茶。适宜在西南茶区栽培。

凌云白毛茶：1985年通过国家品种认定。原产广西壮族自治区。有性繁殖。适宜加工红、绿茶。适宜在华南和西南茶区栽培。

紫阳种：1985年通过国家品种认定。原产陕西省紫阳县。有性繁殖。适宜加工绿茶。适宜江北茶区栽培。

早白尖：1985年通过国家品种认定。原产四川省筠连县。有性繁殖。适宜加工红、绿茶。适宜在长江流域茶区栽培。

宜昌大叶茶：1985年通过国家品种认定。原产湖北省宜昌县。有性繁殖。适宜加工红、绿茶。适宜在长江南北茶区栽培。

宜兴种:1985年通过国家品种认定。原产江苏省宜兴市。有性繁殖。适宜加工绿茶。适宜在长江南北茶区栽培。

(撰写人　梁月荣)

参考文献

白坤元.中国茶树品种志.上海:上海科学技术出版社,2002.

陈炳环.茶树品种分类初探.中国茶叶,1988,10(2):16-18.

陈亮,山口聪,于平盛,等.利用RAPD进行茶组植物遗传多样性和分子系统学分析.茶叶科学,2002,22(1):19-24.

陈亮,虞富莲,童启庆,等.关于茶组植物分类与演化的讨论.茶叶科学,2000,20(1):89-94.

陈文怀.茶树品种分类的探讨.植物分类学报,1977,15(1):53-58.

陈兴琰.茶树育种学.北京:农业出版社,1980.

陈振光,廖惠华.茶树花药培养获得植株.中国茶叶,1983(4):6-7.

李斌,陈兴琰,陈国本,等.茶树染色体组型分析.茶叶科学,1986,6(2):7-14.

梁月荣.日本茶树育种研究.茶叶,2000,26:114-118.

梁月荣.茶树育种学.20世纪中国学术大全(农业科学).石元春主编,福州:福建教育出版社,2002.

梁月荣.绿色食品茶叶生产.北京:中国农业出版社,2003.

梁月荣,刘祖生,庄晚芳.茶树扦插发根的解剖学和生物化学研究.茶叶科学,1985,5(5):19-28.

梁月荣,刘祖生.5个茶树无性系品种染色体数目和核形研究.茶叶科学,1985,8(2):37-41.

骆颖颖,梁月荣.*Bt*基因表达载体的构件及茶树遗传转化的研究.茶叶科学,2000,20:141-147.

闵天禄.山茶属茶组植物的订正.云南植物研究,1992,14(2):115-132.

潘根生,吴伯千.对茶树分类研究的商榷.福建茶叶,1997(2):5-8.

束际林,陈亮,王海思,等.茶树及其他山茶属植物花粉形态、超微结构及演化.茶叶科学,1998,18(1):6-15.

王平盛,虞富莲.中国野生大茶树的地理分布、多样性及其利用价值.茶叶科学,2002,22(2):105-108.

奚彪，刘祖生，梁月荣，等. 发根农杆菌介导的茶树遗传转化. 茶叶科学，1997，17：155-156.
虞富莲. 茶树新品种简介. 茶叶，2002，28(3)：117-118.
张宏达. 茶树植物资源的订正. 中山大学学报(自然科学版)，1984(1)：1-12.
张宏达. 茶树的系统分类. 中山大学学报(自然科学版)，1981(1)：87-99.
庄映芳，刘祖生，陈文怀. 论茶树变种分类. 浙江农业大学学报，1981(1)：53-57.
[日]星川清亲著，段传德、丁法元译，栽培植物的起源与传播. 河南科学技术出版社，1981.
Sealy J. R. A revison of the Genus *camellia*. London. The Royal Horticultural Society, 1958, pp111-131.
Takeo T, You XQ, Wang HF *et al*. One speculation on the origin and dispersion of tea plant in China——One speculation based On the chemotaxonomy by using the contest-ration of terpen-alcohols found in the aroma composition. J Tea Sci, 1992, 12(2): 81-86.

图书在版编目(CIP)数据

园艺作物种质资源学/韩振海主编. —北京:中国农业大学出版社,2009.12
ISBN 978-7-81117-895-1

Ⅰ. 园… Ⅱ. 韩… Ⅲ. 园艺作物-种质资源-研究生-教材 Ⅳ. S602.4

中国版本图书馆 CIP 数据核字(2009)第 196849 号

书　　名 园艺作物种质资源学
作　　者 韩振海　主编

策划编辑 席　清　　**责任编辑** 孟　梅
封面设计 郑　川　　**责任校对** 陈　莹　王晓凤
出版发行 中国农业大学出版社
社　　址 北京市海淀区圆明园西路 2 号　　**邮政编码** 100193
电　　话 发行部 010-62731190,2620　　读者服务部 010-62732336
编辑部 010-62732617,2618　　出　版　部 010-62733440
网　　址 http://www.cau.edu.cn/caup　　**e-mail** cbsszs @ cau.edu.cn
经　　销 新华书店
印　　刷 涿州市星河印刷有限公司
版　　次 2009 年 12 月第 1 版　　2009 年 12 月第 1 次印刷
规　　格 787×980　16 开本　13.75 印张　248 千字
印　　数 1～1 500
定　　价 20.00 元